Impressum

Freigehege für Europäische Landschildkröten
Ein Leitfaden für eine naturnahe Haltung im eigenen Garten
Ratgeber zur naturnahen Haltung Europäischer Landschildkröten, Band 3

1. Auflage 2021

Kleintierverlag Thorsten Geier
Biebertal 2021
ISBN 978-3-944484-28-0

Foto auf der Umschlagseite: Thorsten Geier

Fotos, wenn nicht anders angegeben: Torsten Kiefer, Thorsten Geier

Fachverlag für naturnahe Tierhaltung
Postfach 11 11
35441 Biebertal
Telefon: +49 (0)6409 6619485
Telefax: +49 (0)6409 6619485
E-Mail: info@kleintierverlag.de
Internet: www.kleintierverlag.de

Umschlag und Buchgestaltung: Katharina Feld Design, Gießen
Druck: L&W Druck, Bad Endbach

Ratgeber zur Haltung Europäischer Landschildkröten, Band 3

TORSTEN KIEFER & THORSTEN GEIER

FREIGEHEGE

für Europäische Landschildkröten

Ein Leitfaden für eine naturnahe Haltung im eigenen Garten

THORSTEN GEIER
kleintierverlag.de
Fachverlag für naturnahe Tierhaltung

Inhalt

Naturnah eingerichtetes Gehege für ausgewachsene Europäische Landschildkröten.

Vorwort

Die Haltung von Europäischen Landschildkröten ist seit Jahren ein sehr beliebtes Hobby. Die Beobachtung dieser faszinierenden Reptilien in ihrem naturnah gestalteten Freigehege ist erfreulicherweise immer stärker in den Fokus der Schildkrötenhaltung gelangt.

Gerade das Thema „Natur als Beispiel" gewinnt immer mehr an Bedeutung und verdrängt so manche trostlose Haltung in einem viel zu kleinen und dunklen Glasterrarium. Wunderschön angelegte Gehege mit Versteckplätzen, Wurzeln, Hügeln, bunten und vielfältigen Futter- bzw. Gehegepflanzen stehen ganz im Zeichen einer möglichst naturnahen Haltung.

In der Reihe „Ratgeber zur Haltung Europäischer Landschildkröten“ soll dieser dritte Band unsere langjährige Praxiserfahrung schildern und alle wichtigen Punkte aufzeigen, um Europäische Landschildkröten in einem naturnahen Gehege zu pflegen.
Wir haben beide bereits zahlreiche Gehege geplant, errichtet, verbessert und umgebaut. Zudem stehen wir durch unsere Bücher, Zeitschriften-Artikel, Vorträge und Homepages im ständigen Kontakt zu gleichgesinnten Schildkrötenhaltern. Da wir uns bereits seit vielen Jahren kennen und uns schon lange bezüglich Schildkröten austauschen, haben wir nun unser Wissen gebündelt und ein gemeinschaftliches Buch geschrieben.

Wir wünschen Ihnen viel Freude beim Umgang mit diesen faszinierenden Tieren, viel Erfolg beim Gehegebau und viel Spaß beim Lesen unseres Buches!

Ihr
Torsten Kiefer und Thorsten Geier

www.landschildkroeten-hunsrueck.de

www.schildkroetenfreund.de

Das Bild zeigt die Autoren Thorsten Geier (links) und Torsten Kiefer.
Foto: Sonja Kiefer

I

Natur als Vorbild

Dieses Schildkröten-Habitat wurde auf der italienischen Insel Sardinien aufgenommen.

Um Europäische Landschildkröten so naturnah wie möglich zu halten, ist es immer sinnvoll, sich die Lebensräume der urzeitlichen Tiere näher zu betrachten. Landschildkröten leben schon seit mehr als 220 Millionen Jahren auf unserem Planeten. Daher ist es nicht möglich, trotz Generationen von Nachzuchten, die Tiere an unsere suboptimalen klimatischen und örtlichen Bedingungen bei uns in Deutschland anzupassen. Umso wichtiger ist es für uns Halter unseren Schildkröten einen möglichst natürlichen Lebensraum (Primärlebensraum) in unseren Breitengraden nachzustellen.

Betrachten wir uns die Ursprungshabitate, so stellen wir fest, dass sich die Ausbreitung Europäischer Landschildkröten im Wesentlichen auf Regionen mit einem Mittelmeer- oder Winterregenklima beschränken (WIRTH 2012a). Geprägt wird dieses mediterrane Klima durch trockene, heiße Sommer sowie die Anzahl der Sonnenstunden. Auf der anderen Seite fallen milde

und regenreiche Wintermonate auf. Allerdings gibt es auch Populationen in diesen Regionen, die im Landesinneren auf höher gelegenen Arealen leben. Dort herrschen zum Teil sehr kalte und schneereiche Wintermonate. Die dort beheimateten Landschildkröten halten eine Hibernation (Winterstarre) von bis zu fünf Monaten.
Ivanchev (2007) hat in seiner Studie Temperaturen im Überwinterungsquartier in Bulgarien erfasst. Als niedrigste Temperatur wurde -4 °C im Quartier gemessen; bei einer Umgebungstemperatur von -23 °C. Im Sommer hingegen ist es in diesen Gebieten sehr heiß und regenarm.
Die Gemeinsamkeiten dieser Lebensräume und somit die wichtigsten Punkte bei einer naturnahen Haltung im eigenen Garten zeigen uns wie folgt:

- ein ausreichendes Maß an Wärme
- hohe Anzahl an Sonnenstunden

Klimatabelle Berlin (Deutschland)

	Jan	Feb	März	Apr	Mai	Jun	Jul	Aug	Sep	Okt	Nov	Dez
Maximal-Temperatur	2°	4°	8°	13°	19°	22°	23°	23°	20°	13°	7°	3°
Minimal-Temperatur	-4°	-3°	0°	3°	8°	11°	12°	12°	9°	5°	2°	-1°
Sonnen-Stunden	2h	2h	4h	5h	7h	7h	7h	7h	5h	4h	2h	1h
Regentage	10	9	9	9	9	9	9	9	8	9	10	11

Klimatabelle Athen (Griechenland)

	Jan	Feb	März	Apr	Mai	Jun	Jul	Aug	Sep	Okt	Nov	Dez
Maximal-Temperatur	13°	14°	16°	20°	26°	32°	34°	35°	28°	24°	18°	15°
Minimal-Temperatur	7°	7°	8°	11°	15°	20°	23°	23°	18°	15°	12°	8°
Sonnen-Stunden	4h	6h	6h	8h	10h	12h	13h	11h	10h	7h	5h	4h
Regentage	6	6	5	4	3	1	0	1	2	3	5	7

Ein Blick auf die Wetterdiagramme der deutschen Hauptstadt Berlin und der griechischen Hauptstadt Athen zeigen deutliche Unterschiede.

Quelle: https://www.reiseklima.de/

Die Sonnenstunden im Jahr in den Mittelmeergebieten liegen im Schnitt zwischen 2.200 und 2.800 Stunden. Die Niederschlagsmenge reichen von 1.500 mm im Norden bis unter 500 mm im Süden. In den Monaten Juli und August fällt kaum Regen.
Im Vergleich dazu hatten wir in Deutschland 2019 mit durchschnittlichen 1.800 Sonnenstunden schon ein sehr sonnenreiches und mit „nur" durchschnittlich 780 mm ein sehr trockenes Jahr.

Verbreitungsgebiete Europäischer Landschildkröten

Griechische Landschildkröte, westliche Unterart (*Testudo hermanni hermanni*)

Die westliche Unterart der Griechischen Landschildkröte ist beheimatet in Spanien (einschließlich Mallorca, Menorca), Südfrankreich (einschließlich Korsika) bis Mittelitalien (einschließlich Sardinien).

Diese Griechische Landschildkröte wurde auf der spanischen Insel Mallorca fotografiert.

„Dalmatinische Landschildkröte" *(Testudo hermanni hercegovinensis)*

Es handelt sich hierbei um eine Lokalform der östlichen Unterart der Griechischen Landschildkröte *(Testudo hermanni boettgeri)*. Die wissenschaftlich korrekte Bezeichnung der Dalmatinischen Landschildkröte lautet *Testudo hermanni boettgeri var. hercegovinensis.*

Das Verbreitungsgebiet der Dalmatinischen Landschildkröte beschränkt sich auf die Küstenregionen Kroatiens, Bosnien-Herzegowina und Montenegros.

Griechische Landschildkröte, östliche Unterart *(Testudo hermanni boettgeri)*

Die östliche Unterart ist die weitverbreitetste Landschildkröte in Europa und die am häufigsten in Menschenobhut gehaltene Landschildkröte.

Ihr natürlicher Lebensraum erstreckt sich von Kroatien, Montenegro, Kosovo, Albanien, Mazedonien, Griechenland, Bulgarien, Rumänien bis in den europäischen Teil der Türkei.

Diese Griechische Landschildkröte stammt aus Griechenland und zählt zur östlichen Unterart.

Maurische Landschildkröte *(Testudo graeca)*

Diese Schildkrötenart hat das größte Verbreitungsgebiet der paläarktischen Landschildkröten (Gattung *Testudo*). Es erstreckt sich rund um das Mittelmeer über drei Kontinente von Europa, Afrika bis Asien. Von den bis zu 10 Unterarten der Maurischen Landschildkröte sind zwei Arten *(Testudo graeca graeca und Testudo graeca ibera)* auch in Europa beheimatet.

Testudo gracea gracea ist in Teilen Spaniens, auf der Baleareninsel Mallorca und auf Sardinien verbreitet.

Das Verbreitungsgebiet von *Testudo graeca ibera* in Europa liegt im Südosten (östlicher Balkan).

Das Bild dieser Maurischen Landschildkröte ist im Habitat (Sardinien) aufgenommen worden.

Breitrandschildkröte *(Testudo marginata)*

Das Verbreitungsgebiet der größten Europäischen Landschildkröte beschränkt sich auf die südliche Balkaninseln mit Teilen Albaniens, Gebiete in Griechenland und auf Sardinien.

Diese Breitrandschildkröte lebt ebenso auf der italienischen Insel Sardinien, jedoch wurde dieses Tier in einem anderen Gebiet gefunden.

Steppenschildkröte *(Testudo (Agrionemys) horsfieldii)*

Steppenschildkröten haben ein sehr ausgedehntes Verbreitungsgebiet. Sie stammen aus Kasachstan, Usbekistan, Afghanistan, Belutschistan, Pakistan und Iran (KIRSCHE 1997). Diese Schildkrötenart kommt demnach zwar nicht aus Europa, ist jedoch eine häufig gehaltene Art, die oft den Europäischen Landschildkröten zugeordnet wird.

Der Vollständigkeit halber haben wir uns daher entschieden diese Art, die oft auch als Vierzehenschildkröte bezeichnet wird, an dieser Stelle aufzuführen. Auch im vorliegenden Buch werden wir häufig auf die Steppenschildkröte mit ihren abweichenden Haltungsansprüchen zu sprechen kommen.

Steppenschildkröte im Freigehege.

Sehr steiniges und mit hohen Bäumen bewachsenes Schildkrötenhabitat auf Mallorca.

1.1 Wie sehen „typische“ Schildkrötenhabitate aus?

Eines vorneweg: Das „typische“ Schildkrötenhabitat gibt es so nicht! Als Beispiel kann hier die spanische Baleareninsel Mallorca genannt werden. Hier leben die westliche Unterart der Griechischen Landschildkröte *(Testudo hermanni hermanni)* sowie eine Population der Maurischen Landschildkröte *(Testudo graeca graeca)*.

Europäische Landschildkröten sind Habitatgeneralisten und leben in unterschiedlichen Lebensräumen. Voraussetzung ist aber immer, dass die Grundbedürfnisse gedeckt sind (z. B. mediterranes Klima, ausreichende Nahrungs- und Wasserangebote, Versteckplätze).

Mit einer Fläche von ca. 3.640 km^2 ist die Insel Mallorca zwar relativ klein, enthält aber verschiedene Habitattypen für die dort lebenden Europäischen Landschildkröten (siehe Fotos auf diesen beiden Seiten).

Dieses Verbreitungsgebiet zeigt eine niedrige Busch- und Strauchvegetation.

Dieses ursprüngliche Habitat wurde zunächst durch den Menschen bewirtschaftet, dann jedoch wieder der Natur und den dort lebenden Tieren sich selbst überlassen.

Vegetation

Im Osten der Insel Mallorca findet man ein Habitat mit einer immergrünen Busch- und Strauchvegetation. Durch den Einfluss des Menschen durch Holzentnahme, Brandrodung oder Überweidung durch Nutztiere hat sich in tausenden von Jahren das Bild des Mittelmeerraumes geprägt.
Folgende Pflanzen haben wir dort vorgefunden; diese können natürlich auch zum Teil als Gehegepflanzen Verwendung finden:

- Johannisbrotbaum
- Kork- und Steineiche
- Kiefer
- Dornginster
- dornige Bibernelle
- Brombeere
- Stecheiche

Die bis zu 5 Meter hohen Bäume und Büsche bilden ein dichtes, undurchdringliches Gestrüpp und sind somit ideale Versteckmöglichkeiten für Schildkröten. Man spricht hier von der sogenannten Macchie.
Nur einige hundert Meter weiter ergibt sich dann schon wieder ein anderes Bild mit niedrigen, verschiedenen Sträuchern, der Garrigue.
Diese Strauchformation entsteht durch eine weitere intensive Beweidung der Macchie durch Ziegen oder Schafe und erreicht eine Höhe von ca. einem Meter. Im Gegensatz zur Macchie (hier kann sich durch das dichte, undurchdringliche Gestrüpp kaum eine untere Krautschicht bilden) hat die Garrigue einen reichhaltigeren Pflanzenbestand. Hier wachsen neben Sträuchern eine große Anzahl verschiedener Blumen oder Zwergsträucher.

Charakteristische Pflanzen der Garrigue sind:

- Echter Thymian
- diverse Lavendelarten

- Rosmarin
- Salbei-Arten
- verschiedene Ginsterarten
- Dost
- Lorbeer
- Bergminze
- Wilde Malve
- einjähriges Gänseblümchen
- Flockenblume
- Zwerg-Pippau
- verschiedene Knollen- und Zwiebelpflanzen

Immer wieder unterbrochen durch felsiges Kalkgestein wechseln sich Macchie und Garrigue mehr oder weniger ab bzw. gehen fließend ineinander über. Die dort wachsenden Pflanzen auf steinigem, kalkhaltigem Boden bleiben im Vergleich zu den Futterpflanzen in unseren Regionen eher klein und mickrig. Bereits im Frühjahr vertrocknen viele der Pflanzen schon durch die intensive Besonnung und dienen den Schildkröten als rohfaserreiches Kräuterheu.

Wälder

Im Mittelmeerraum existieren nur wenige Wälder. Auf Mallorca z. B. hatten wir nahe der Küste einen kleinen Waldteil mit einer Schildkrötenpopulation *Testudo hermanni hermanni* ausfindig machen können. Hauptsächlich Steineichen und Aleppo-Kiefern formten das Habitat. Im Südwesten der Insel bildeten diese Baumformationen für die Maurische Landschildkröte einen Lebensraum.
Vor allem in den heißen Sommermonaten bieten die Wälder den Tieren eine willkommene Abkühlung. Darüber hinaus eröffnen die Waldflächen trotzdem genügend Freifläche, so dass sich reichlich Futterpflanzen entwickeln können.

In Griechenland und in Bulgarien ist *Testudo hermanni boettgeri* oft in Eichenwäldern anzutreffen, während in Rumänien Akazien- und Maulbeerbaumwälder der östlichen Unterart der Griechischen Landschildkröte einen Lebensraum bieten.

1.2 Strände

Auch in Nähe von Meeresstränden sind Europäische Landschildkröten anzutreffen. Auf Mallorca konnten wir nur wenige Meter vom Strand entfernt eine große Anzahl *Testudo hermanni hermanni* entdecken.

Die Spuren im Sand verraten das Vorhandensein von Landschildkröten in den Dünen Mallorcas.

Diese Lebensräume sind von allen Habitaten die wohl extremsten für Landschildkröten. Sie sind sehr trocken, Niederschläge versickern schnell und diese Biotope bieten wenig Schutz vor Sonne oder Fressfeinden (vgl. Kapitel 12 „Schutz gegenüber Prädatoren"). Damit Europäische Landschildkröten hier leben und überleben können, müssen zumindest einige Büsche und Sträucher für Schattenwurf vorhanden sein.
Weitere Populationen in Strandnähe sind für *Testudo hermanni boettgeri* und *Testudo marginata* an der Westküste der griechischen Peloponnes-Halbinsel bekannt (Wirth 2013).

1.3 Wärmeinseln und Mikroklima

Europäische Landschildkröten verbringen in ihren Ursprungshabitaten die meiste Zeit in sogenannten Wärmeinseln (Wegehaupt 2013). Diese speziellen Plätze sind charakterisiert durch steinige, wärmespeichernde (meist kalkhaltige) Böden in einem windgeschützten, sonnendurchflutenden Areal. In diesen Abschnitten herrscht ein eigenes für Europäische Landschildkröten wichtige Mikroklima.

Das Mikroklima bezeichnet das Klima in einem bodennahen, abgegrenzten Bereich. Geprägt wird dies durch die Oberflächenstruktur, die Vegetation und die auftretende Bodenreibung des Windes. So entstehen auf diesem begrenzten Raum größere Temperaturunterschiede.

Dieses Habitat auf Sardinien ist geprägt durch große Granitsteine und einen üppigen Bewuchs.

Tagsüber wärmt die Sonne diese Fläche sehr stark auf. Die Steine bzw. der Sand speichert die Wärme und gibt sie wieder ab. Durch den windgeschützten Bereich der Wärmeinseln stagniert die Hitze über der Wärmeinsel und erhöht die Temperatur im Vergleich zum Umland. Nachts gibt der steinige Untergrund weiter die Wärme ab und kühlt selbst aus. Durch die dadurch entstehenden hohen Temperaturunterschiede kondensiert der in der milden Luft enthaltene Wasserdampf und bildet so regelmäßig Morgentau. Dieser Tau verdampft durch die warme Sonneneinstrahlung gleich wieder und es entsteht ein feuchtwarmes Mikroklima.

Dieses Kleinklima und die hohen Temperaturunterschiede von Tag und Nacht sind für das Wachstum und die Gesundheit Europäischer Landschildkröten sehr wichtig. Es können so genügend Futterpflanzen wachsen und der morgendliche Tau dient bei extrem trockenen Sommermonaten als lebenswichtige Wasserquelle.
Landschildkröten vergraben gerne ihre Eier in den Wärmeinseln, da das feuchtwarme Klima für eine gesunde Entwicklung des Embryos in der Eigrube sorgt.
Sehr wichtig sind diese Wärmeinseln für das Aufwachsen juveniler (noch nicht ausgewachsene oder geschlechtsreife) Landschildkröten. Diese leben in den ersten Jahren in Gruppen sehr versteckt in einer verfilzten Krautschicht von wachsenden und abgestorbenen Pflanzenteilen. In dieser Schicht herrscht durch das feuchtwarme Mikroklima eine sehr hohe Luftfeuchtigkeit. Durch die entstehende Verdunstungskälte werden die Jungtiere vor Überhitzung geschützt und der Panzer wächst glatt und regelmäßig. Wegehaupt (2013) spricht davon, dass ohne dieses Mikroklima ein Überleben der Schlüpflinge in der freien Wildbahn nicht möglich ist.

1.4 Sekundärlebensraum

In diesen vom Menschen unberührten Primärhabitaten durften sich Landschildkröten über Jahrmillionen entwickeln. Doch der Mensch dringt immer weiter in die Lebensräume der Landschildkröten vor und verändert diese mit zum Teil dramatischen Auswirkungen.

Sehr steiniger Lebensraum auf Mallorca.

Oft wird in verschiedenen Foren oder sozialen Netzwerken darüber diskutiert, dass Landschildkröten in ihren Habitaten Obst und Gemüse vom Feld fressen und es daher nicht schädlich sein kann. Es wird jedoch vollkommen außer Acht gelassen, dass Landschildkröten nicht dem Menschen folgen, um durch die landschaftsveränderten Maßnahmen Vorteile zu erlangen. Vielmehr waren bereits vor dem Menschen diese urzeitlichen Tiere im Biotop. Aufgrund ihrer Ortstreue können vor allem alte Tiere diesen Platz nicht verlassen und fristen dort ihr Dasein im sogenannten Sekundärlebensraum.

Durch die Veränderungen des Menschen werden viele Wärmeinseln vernichtet. Durch das fehlende feuchtwarme Mikroklima vertrocknen viele Schlüpflinge bereits während der Entwicklung im Ei oder kurz nach dem Schlupf durch Überhitzung (Wegehaupt 2013). Schafft es dann doch ein Schlüpfling und wandert in das umliegende Land, um geeignete Wärmeinseln zu suchen, werden sie durch den fehlenden Schutz oft Opfer von Prädatoren oder werden überfahren.

Diese Aufnahme zeigt ein Habitat in Bulgarien.

II

Vorabüberlegungen

Schildkrötenhaltung bedeutet viel mehr als eine bloße „Aufbewahrung“ im eigenen Garten.

Wer sich mit dem Gedanken beschäftigt, diese wunderbaren, urzeitlichen Tiere zu halten, muss sich im Voraus überlegen, ob er den Tieren eine artgerechte Haltung bieten kann.

Eine Grundvoraussetzung bzw. sogar die wichtigste Voraussetzung ist das Vorhandensein eines Gartens, damit den Europäischen Landschildkröten zum einen ausreichend Platz zur Verfügung gestellt wird (Kapitel 3 „Größe“) und zum anderen genügend Sonne (UV-Strahlen) aufgenommen werden kann.

Landschildkröten benötigen die UV-B Bestrahlung zur Herstellung von Vitamin D. Diese bewirkt die Einlagerung von Kalzium ins Knochengewebe bzw. des Panzers. Bei Kalziummangel werden Krankheiten wie Rachitis bzw. Osteoporose (Knochenschwund, Panzererweichung) verursacht.

Balkongehege (Kapitel 14 „Besondere Gehege“) können gut strukturiert und mit der entsprechenden Technik ausgestattet werden, sind aber von der Größe begrenzt und finden maximal als Freigehege für Schlüpflinge Verwendung.

Der Erwerb dieser faszinierenden Tiere sollte im Vorfeld gut überlegt sein.

Weiterhin wichtig ist ein Frühbeet/Gewächshaus mit der erforderlichen Technik für die Thermoregulierung. Die Tiere müssen die Möglichkeit haben, sich auf „Betriebstemperatur" zu bringen. Besonders in den Übergangszeiten von Frühjahr zu Sommer und von Sommer zu Herbst sind die Tage in unseren Breitengraden im Vergleich zum Ursprungshabitat zu kalt und zu nass (siehe Kapitel 1 „Natur als Vorbild").

2.1 Standort

Die Wahl des Standortes muss im Vorfeld gut überlegt sein. „Lieber den ganzen Tag Sonne, als ein Platz, der den ganzen Tag im Schatten liegt", empfehlen wir immer wieder Anfängern, die nach dem optimalen Ort fragen.
Schattenplätze können mit Büschen, Hecken etc. ins Gehege eingebracht werden. Ein eher schattiges Gehege muss mit einem höheren technischen Aufwand im Frühbeet/Gewächshaus (Wärmelampe etc.) und mit finanziellen Mitteln den Bedürfnissen der Tiere angepasst werden. Dabei kann aber eine noch so gute Lampe die Sonne nicht annähernd ersetzen.
Wenn Gebäude, Bäume etc. über den Tag verteilt Schatten werfen, ist darauf zu achten, dass bereits die Morgensonne das Gehege bescheint, denn diese ist wichtiger als die Abendsonne. Die Landschildkröten kommen mit den ersten warmen Sonnenstrahlen schneller auf Betriebstemperatur. Die Frühbeete bzw. Gewächshäuser heizen sich rascher auf.

Somit spart man zusätzlich an Heizkosten, da sich die mit Thermotimer gekoppelten Wärmelampen bei Erreichen der eingestellten Temperatur abschalten. Ein abgemagerter Boden bzw. mit Kalkschotter aufgewerteter Boden erwärmt sich schneller und gibt die Temperatur an die Umgebung ab.

Bei größeren Baumaßnahmen lohnt sich nicht nur ein Stück Papier, sondern ebenso das Planen am gewünschten Standort.

Auch der Sonnenverlauf im Gehege ist ein wichtiger Faktor und sollte unbedingt vor den Bauarbeiten bedacht werden.

Der optimale Standort hat eine leichte Hanglage nach Süden und wird morgens gleich mit den ersten Sonnenstrahlen gewärmt. Das Frühbeet bzw. Gewächshaus wird in südöstlicher Richtung errichtet mit dem Ausgang Richtung Osten.

Das zukünftige Freigehege sollte nach Möglichkeit windgeschützt liegen. Eine direkt anschließende Hauswand reflektiert die Wärme und heizt das Gehege zusätzlich auf. Möglichst wenige Bäume, Sträucher und Häuser sollten sich, um Schattenwurf zu vermeiden, im täglichen Sonnenverlauf befinden.

Wer die Zeit und Geduld hat, beginnt mit den Vorbereitungen schon ein Jahr früher. Hier kann der zukünftige Halter den Sonnenverlauf (bzw. Schattenverlauf) über zwölf Monate beobachten und mit den gewonnenen Erkenntnissen den für sich optimalen Standort wählen.

Wer die Zeit nicht aufbringen kann bzw. nicht warten möchte, dem möchten wir den Tipp mit einer Homepage geben, den Sonnenstand an einem beliebigen Standort (z.B. des eigenen Gartens) zu simulieren (siehe z. B. www.sonnenverlauf.de). Äußere Faktoren (z. B. die Höhe der Nachbarhäuser) lassen sich hierbei berücksichtigen.

2.2 Überwinterungsgrube oder Kühlschrank

Ein weiterer wichtiger Aspekt ist der künftige Überwinterungsort der Landschildkröten. Hier gibt es zahlreiche Möglichkeiten bzw. Orte, an denen man die Tiere überwintern kann (Geier 2017b).

Soll die Starre im Frühbeet/Gewächshaus erfolgen, so muss dies beim Bau mitberücksichtigt werden. Das Ausheben einer Überwinterungsgrube von ca. 60 cm Tiefe und Schutzhaus mit entsprechender Technik wird dann mit eingeplant.

Als Überwinterungsort eignet sich z. B. ein handelsüblicher Kühlschrank.

2.3 Planen der Technik

Europäische Landschildkröten sind wechselwarm (poikilotherm) und können demzufolge keine eigene Körperwärme erzeugen. In unserer Region (Deutschland) ist Technik in den Frühbeeten oder Gewächshäusern fast überall unentbehrlich, um den Tieren die Wärme über einen längeren Zeitraum zur Thermoregulierung anzubieten.
Dabei sollten im Vorfeld die notwendigen Arbeiten mit einem Elektriker besprochen werden. Wichtig zu wissen: Elektroanschlüsse sollten nur vom Fachmann verlegt werden!
Für die erforderlichen Anschlüsse wird ein Erdkabel vom Hausanschluss bis an das Frühbeet/Gewächshaus gelegt. Dies hat den Vorteil, dass die unterirdisch gezogenen Kabel niemanden hindern.
Übergangsweise kann mit einem Verlängerungskabel gearbeitet werden. Aber es ist dringend darauf zu achten, dass dieses Kabel für den Außenbereich geeignet ist.
Bei der Installation ist ein FI-Schalter zwingend notwendig! Der Fehlerstrom-Schutzschalter (kurz: FI) sorgt dafür, dass bei einem Fehlerstrom der Stromkreis in Millisekunden unterbrochen wird, wenn Personen (oder Tiere) in Kontakt mit einer defekten Leitung oder einem defekten Gerät in Berührung kommen.
Im Innenraum des Gewächshauses bzw. Frühbeet sind outdoor-taugliche Steckdosen (oder zumindest Feuchtraumsteckdosen) zu verwenden.

Als Alternative zum angeschlossenen Stromkreislauf könnte eine große und professionelle Solaranlage die notwendige Energie liefern. Bei solchen Überlegungen kann eine Fachfirma Auskunft erteilen. Allerdings sind die Anschaffungskosten nicht zu unterschätzen.

Manchmal kursieren im Internet Diskussionen, ob eine kleine Autobatterie inkl. Mini-Solarpanel die entsprechende Energie für Wärmelampen und/oder Heizungen aufbringen kann. Vor allem für Besitzer von Schrebergärten (ohne eigene Stromversorgung) käme das sehr zu gute. Bis jetzt haben wir jedoch leider keine passende Lösung für diese Aufgabenstellung parat. Die Energie, die vor allem im Frühjahr oder Herbst benötigt wird, kann meist nicht während dieser Zeit erzeugt werden. Auf der anderen Seite wird die im Spätfrühjahr oder Sommer erzeugte Energie wohl nicht als Wärmelampe oder Heizung Verwendung finden. Es zeigt sich also, dass der Energiebedarf und der zur Verfügung stehende Ertrag zeitlich gesehen nicht übereinstimmt.

2.4 Wasseranschluss

Bei großflächigeren Gehegen ist zu überdenken, ob ein Wasseranschluss am oder im Freigehege sinnvoll ist. Für das Einsäen von Wildkräutern im Frühjahr und Herbst, das Setzen von neuen Gehegepflanzen oder für eine Abkühlung/ Bewässerung im Sommer (die offenbar bei uns immer wärmer werden) sind unter Umständen eine größere Menge Wasser von Nöten. Das gleiche gilt für einen Wasseranschluss in größeren Gewächshäusern.

2.5 Schutz gegen Überschwemmungen

Beim Anlegen eines Schildkrötengeheges müssen unter Umständen starke Regenfälle in die Überlegungen mit einbezogen werden. So sollte bei einer leichten Hanglage das Frühbeet/Gewächshaus nicht an der niedrigsten Stelle stehen.

Zu Sicherung vor Überflutungen kann im Frühbeet/Gewächshaus eine Drainage verlegt werden. Des Weiteren wäre es sinnvoll in regenreichen Gebieten eine Drainage um das komplette Freigehege zu legen. Eine Abmagerung des Bodens mithilfe von Steinen bzw. Schotter, damit dieser wasserdurchlässiger wird (siehe Kapitel 6 „Einrichtung“), ist zusätzlich zu empfehlen. Höhlen und Versteckplätzen sollten nicht in Senken, sondern an erhöhten Stellen platziert werden.

Plötzlich auftretende Starkregen oder geschmolzener Schnee können schnell zum Problem werden.

2.6 Verwendung von bestehenden Bauten

Eine weitere Überlegung ist bereits bestehende Bauten zu verwenden. So kann ein nicht mehr genutztes Gewächshaus für die Schildkrötenhaltung Verwendung finden. Je nach Stärke der Stegplatten sollte aber eventuell nachjustiert werden. Stegplatten mit 10 mm oder besser 16 mm Stärke heizen sich nicht so schnell auf und halten die Wärme länger. In diversen Baumärkten oder im Internet gibt es Stegplatten in verschiedenen Stärken. Mit ein wenig handwerklichen Geschick können so z. B. die Stegplatten auf dem Dach eines Gewächshauses gegen hochwertigere Platten ausgetauscht werden.
Ein bestehender Wintergarten könnte zum Teil abgetrennt und als Schutzhaus für die Tiere dienen. So hat man sogar noch den Vorteil bei Kaffee und Kuchen den Tieren entspannt zuzusehen.
Verwaiste Gartenhäuser aus Holz können ebenso mit Stegplatten „sonnendurchflutet" und somit „schildkrötentauglich" gemacht werden.

2.7 Giftige Sträucher und Hecken

Bei der Wahl des Standortes ist unbedingt darauf zu achten, dass keine giftigen Pflanzen, Hecken etc. in der Nähe des geplanten Geheges wachsen. Vor allem durch Laubwechsel, Sturm etc. besteht sonst die Gefahr, dass Teile davon in das Gehege gelangen können.
Auch die vom Nachbar gesetzte und liebevoll gepflegte Buchsbaumhecke ist gefährlich für Schildkröten und sollte mindestens zwei Meter vom Schildkrötengehege Abstand haben. Im Falle eines Heckenschnitts sollte große Vorsicht gelten, und ggf. der Nachbar über die für die Schildkröten giftige Hecke informiert werden.

Die Giftigkeit von Pflanzen bezieht sich in Büchern etc. häufig auf Säugetiere. Dass eine für Menschen giftige Pflanze auch bei Schildkröten Vergiftungserscheinungen hervorruft bzw. in welcher Dosis, ist nicht gezielt erforscht und resultiert meistens aus Erfahrungsberichten. Doch es kann

davon ausgegangen werden, das toxische Pflanzen auch für Schildkröten giftig sind. Demzufolge sollten keine „giftigen" Pflanzenteile an Europäische Landschildkröten verfüttert werden, sowie giftige Pflanzen in der Nähe eines Schildkrötengeheges stehen.
Zwar sind Vergiftungen bei Schildkröten bisher selten aufgetreten, aber besonders die Nadeln und die roten fleischigen Samenmanteln der Eibe *(Taxus baccata)* bzw. die Kerne sind für die Schildkröten selbst in kleinster Menge tödlich. Auch die im Umkreis von zwei Metern wachsenden Futterpflanzen sollten nicht angeboten werden. Durch herunterfallende und zersetzende Nadeln und Früchte werden die Pflanzen regelrecht kontaminiert und können die giftigen Wirkstoffe aufnehmen.

Es ist nicht anzunehmen, dass Europäische Landschildkröten in menschlicher Obhut wissen, welche Pflanze giftig ist. In ihren natürlichen Habitaten leben die Tiere unter optimalen Bedingungen mit einer reichhaltigen Nahrungspalette. Als Weidegänger finden die Landschildkröten einen großen Bestand verschiedenster Wildkräuter vor und fressen zum Teil unbekömmliche Pflanzen, die aber bei der breiten Auswahl im Habitat nicht ins Gewicht fallen. In unseren – verglichen mit der Natur – kleineren Gehegen haben die Tiere nicht oder nur begrenzt die Option von einer Futterpflanze zur nächsten zu gehen. Oft haben sie nur die Möglichkeit, das Futter aufzunehmen, was der Halter ihnen vorgibt. Giftige Pflanzen oder Pflanzenteile können so „aus Versehen" mitgefressen werden.

2.8 Kleine Auflistung von giftigen Pflanzen

Damit bereits bei der Planung des Geheges giftige Pflanze erkannt werden können, möchten wir an dieser Stelle eine Übersicht geben, welche Pflanzen von Anfang an für das Gehege oder für die unmittelbare Nähe des Geheges ausscheiden. Diese Auflistung stellt keinen Anspruch auf Vollständigkeit dar, sondern zeigt „giftige" Pflanzen, die unserer Meinung nach am häufigsten in Gärten zu finden sind. Weitere Informationen dazu erhalten Sie im Kapitel 10.4 „Giftpflanzen und nicht geeignete Pflanzen".

- Adonisröschen *(Adonis vernalis)*
- Ackergauchheil *(Anagallis arvensis)*
- Arnika *(Arnica montana L.)*
- Bittersüßer Nachtschatten *(Solanum dulcamara)*
- Bachnelkenwurz *(Geum rivale L.)*
- Bunte Kronwicke *(Coronilla varia)*
- Jakobs-Kreuzkraut *(Jacobaea vulgaris)*
- Echtes Efeu *(Hedera helix L.)*
- Eibe *(Taxus baccata)*
- Engelstrompete *(Brugmansia)*
- Fingerhut *(Digitalis)*
- Gelbes Buschwindröschen *(Anemone ranunculoides L.)*
- Grasnelke *(Armeria maritima)*
- Herbstzeitlose *(Colchicum autumnale)*
- Jakobs-Greiskraut *(Jacobaea vulgaris)*
- Maiglöckchen *(Convallaria majalis L.)*
- Narzissen *(Narcissus)*
- Pilze* *(Fungi)*
- Rainfarn *(Tanacetum vulgare)*
- Rittersporn *(Delphinium)*
- Roter Fingerhut *(Digitalis purpurea)*
- Scharfer Hahnenfuß *(Ranunculus acris L.)*
- Schöllkraut *(Chelidonium majus L.)*
- Sumpfdotterblume *(Caltha palustris)*

- Tollkirsche *(Atropa belladonna L.)*
- Weißes Buschwindröschen *(Anemone nemorosa L.)*
- Wolfsmilchsgewächse *(Euphorbiaceae)*

* Es gibt giftige und ungiftige Pilze. Da eine genaue Bestimmung für viele Halter nicht möglich ist, sollten sicherheitshalber alle Pilze aus dem Gehege entfernt werden. Eine tödliche Vergiftung mit einem Pilz bei einer Griechischen Landschildkröte *(Testudo hermanni boettgeri)* ist durch MINCH (2013) dokumentiert worden.

2.9 Tierarzt

Europäische Landschildkröten sind zwar bei artgerechter Haltung robuste Tiere, wenn jedoch einmal ein Problem vorliegt, sollte dringend ein Fachtierarzt zu Rate gezogen werden, der sich auf Schildkröten spezialisiert hat. Daher ist es ratsam, sich bereits vor Anschaffung einer Europäischen Landschildkröte um einen schildkrötenerfahrenen Tierarzt zu bemühen, der im Idealfall seine Praxis heimatnah betreibt. Gibt es keinen geeigneten Tierarzt in unmittelbarer Nähe, so sollte dennoch eine ggf. weitere Anreise eingeplant werden.

In diversen Schildkrötenforen oder sozialen Medien können Informationen bzw. Erfahrungen ausgetauscht werden. Über den persönlichen Kontakt zu Gleichgesinnten lässt sich so meist schnell ein passender Tierarzt finden. Auch auf der Homepage der DGHT e.V. (Deutsche Gesellschaft für Herpetologie und Terrarienkunde) sind schildkrötenerfahrene Tierärzte bzw. Kliniken aufgelistet.

2.10 Gesetzliche Regelungen

Seit März 2010 sind Freigehege für geschützte Tierarten nach Bundesnaturschutzgesetz bundesweit anzeigepflichtig. Allerdings wurden den einzelnen Bundesländern ein großzügiger Handlungsspielraum für abweichende Regelungen zugestanden.

So können außer der Anzeigepflicht auch eine Genehmigungspflicht eingeführt oder beibehalten werden. Neben der Größe der Freigehege können auch die Anzahl der Tiere Ausschlag geben, ob ein Schildkrötengehege genehmigungspflichtig oder anzeigepflichtig ist. Hier muss sich jeder Halter vorab bei seinem jeweiligen Bundesland informieren.

Als Beispiel zeigen wir einen Auszug aus dem Naturschutzgesetzt für das Bundesland Hessen:

„Tiergehege

Gehege, in denen Tiere wild lebender Arten außerhalb von Wohn- und Geschäftsgebäuden während eines Zeitraums von mindestens 7 Tagen im Jahr gehalten werden, und die kein Zoo im Sinne des § 42 BNatSchG sind, werden nach § 43 BNatSchG als Tiergehege definiert. Auch hier ist neben den tier- und artenschutzrechtlichen Bestimmungen noch besonders zu beachten, dass Haltung und Pflege der Tiere den biologischen Bedürfnissen der Art gerecht werden und dem Eindringen von Schadorganismen und dem Entweichen der Tiere vorgebeugt wird.

Nach § 43 Abs. 3 BNatSchG sind die Errichtung, Erweiterung, wesentliche Änderung und der Betrieb eines Tiergeheges der zuständigen Behörde mindestens einen Monat im Voraus anzuzeigen. Zuständig ist in Hessen die obere Naturschutzbehörde des jeweiligen Regierungspräsidiums, in dessen Bezirk sich das Gehege befindet.“

(Quelle: https://rp-giessen.hessen.de/umwelt-natur/forsten-naturschutz/artenschutz/zoo-richtlinie)

In verschiedenen Kommunen ist das Ausbringen von Schotter im Garten bzw. das Anlegen eines Schottergartens zwischenzeitlich verboten. Wir möchten zwar betonen, dass wir solche „Schottergehege für Landschildkröten“ nicht empfehlen, jedoch (stellenweise) einen mit Schotter aufbereiteten Untergrund für nützlich erachten. Dennoch soll der Hinweis auf ein solches „Schotterverbots“ in diesem Buch nicht fehlen.

2.11 Bau Gewächshaus/Schildkrötenhaus

Wer für seine Europäische Landschildkröten ein Gewächshaus bauen möchte, darf nicht einfach darauf los bauen, sondern muss sich vorab in seinem Bundesland in den jeweiligen Landesbauordnungen informieren, ob sein Projekt baugenehmigungspflichtig ist oder nicht. Im Wesentlichen sind folgende Faktoren dafür entscheidend:

- **Standort:** Ob genehmigungspflichtig oder nicht ist von Bundesland zu Bundesland unterschiedlich
- **Lage:** Soll das Gewächshaus innerhalb einer Ortschaft (der sogenannte Innenbereich, was bei uns Schildkrötenhalter meistens der Fall ist) oder außerhalb (Außenbereich, z. B. in einem Schrebergarten) errichtet werden?
- **Größe:** In einigen Bundesländern wird die Genehmigungspflicht nur an der Höhe festgemacht, während in anderen Bundesländern die Fläche oder der umbaute Raum herangezogen wird.
- **Nutzungszweck:** Die Art und Weise der Nutzung hat ebenso Einfluss, ob eine Baugenehmigung benötigt wird oder nicht.

Bevor größere Bauten durchgeführt werden, sollte man sich mit den jeweiligen Landesbauordnungen auseinander setzen. *Foto: Sonja Kiefer*

2.12 „Gedankliches Bauen“

Unter dem Stichwort „gedankliches Bauen“ möchten wir Prozesse aufführen, die bereits vor der eigentlichen Bauphase stattfinden. Und so empfehlen wir, sich mit Stift und Papier auszustatten, um verschiedene Möglichkeiten zu skizzieren.

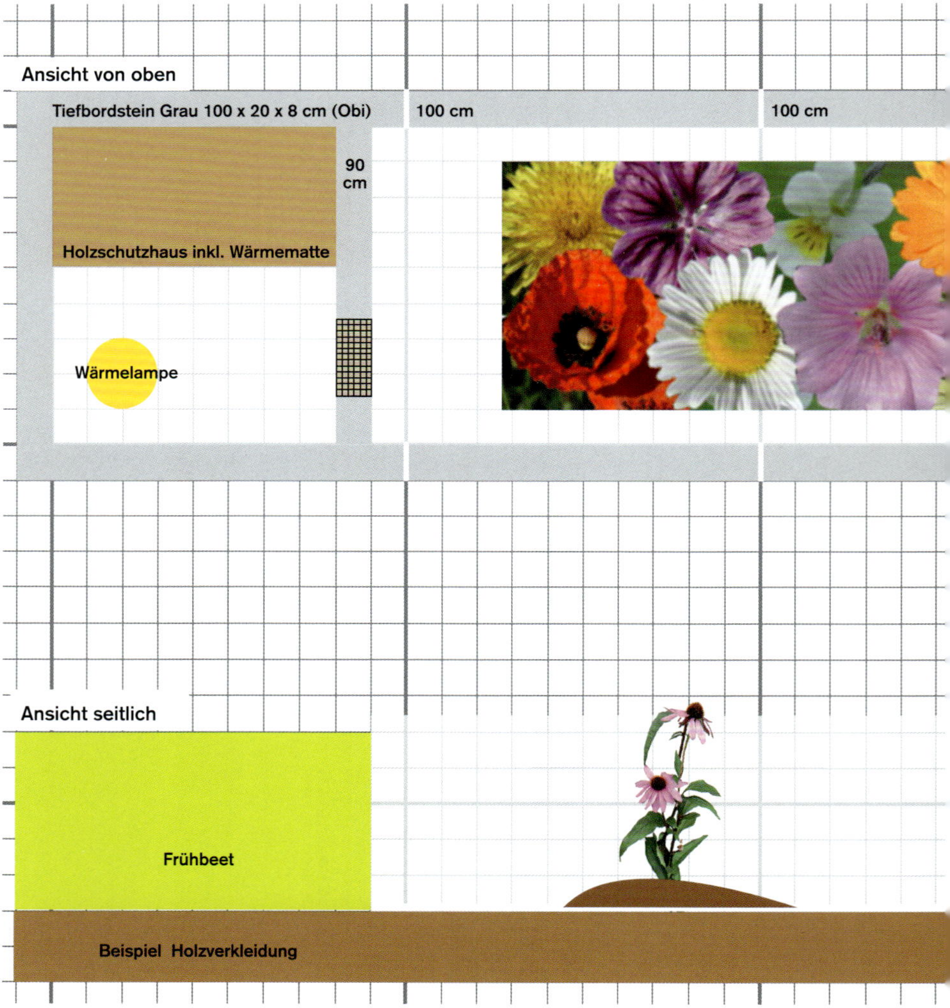

Auch die Planung am PC hilft im Vorfeld verschiedene Möglichkeiten des Gehegebaus „zu Papier“ zu bringen.

Je mehr Gedanken sich im Vorfeld gemacht werden, desto einfacher wird der spätere Bauprozess ablaufen. Manchmal werden sogar bisherige Pläne komplett über den Haufen geworfen oder zumindest abgeändert.

2.13 Kosten eines Geheges

Die Kosten eines Schildkrötengeheges kann man nicht pauschal bemessen. Zu den größten Anschaffungen zählt das Frühbeet/Gewächshaus. Weitere Kosten sind in der Bepflanzung, Technik, Strom und Material der Umrandung zu finden. Neben diesen Kosten sind ebenso die Anschaffungskosten der Tiere sowie ggf. Tierarztkosten zu beachten.
Um sich einen groben Überblick zu verschaffen, haben wir die wichtigsten Kostenpunkte aufgelistet. Dabei haben wir berücksichtigt, dass (nach unserer Meinung) ein Frühbeet für die Haltung Europäischer Landschildkröten aufgrund der Wärmespeicherung und Stabilität mindestens 10 mm Doppelstegplatten haben sollte (siehe Kapitel 7 „Frühbeete und Gewächshäuser“). Bei der Umrandung haben wir dafür die günstigere Variante mit Brettern gewählt. Hier wird bereits deutlich, dass mit einem hochwertigen Gewächshaus oder mit aufwendigen und damit teuren Natursteinen die Kosten schnell in die Tausende Euros steigen können.
Dazu kommen laufende Kosten im Monat für Strom (mind. 5-10 EUR) plus eventuelle Kosten für Tierarzt (z. B. Entwurmung).

Art/Artikel	Bemerkung	Betrag in Euro
Frühbeet	Mindestens 10 mm Doppelstegplatten oder 16 mm mit Alltop-Stegplatten; je nach Ausführung mit oder ohne Unterbau	200 – 500
Umrandung	Bretter	ca. 30 – 50
Elektrik	Erdkabel, Steckdosen, Sicherungen	ca. 50 – 100
Wärmelampe	mit Fassung und Schutzkorb	ca. 35 – 50
Temperaturregler	verschiedene Ausführungen erhältlich	ca. 30 – 80
autom. Fensteröffner	Standard-Ausführung	ca. 25
Heizung	je nach Ausführung (Elsteinstrahler, Heizmatte, Heizkabel, Frostwächter)	ca. 20 – 80
Material für eventuelle Überwinterungsgrube	Schutzhaus, Draht (oder Steinplatten) etc.	ca. 50 – 100
Kleinteile	Wasserschalen etc.	ca. 10 – 20
Gehegepflanzen	je nach Ausführung und Größe	ca. 30 – 100
Futterpflanzen, Sämereien		ca. 50 – 100

Häufig finde man im Internet Fotos mit dem Hinweis „Das Gehege ist fertig, jetzt muss es nur noch wachsen“. Im Idealfall sollte zuerst das Gehege gebaut und gestaltet werden. Nach Fertigstellung sollte sich das Gehege zunächst einige Wochen bis Monate einwachsen, bevor Schildkröten darin leben. In der Praxis sieht dies meist anders aus, so dass diese Reihenfolge oft nicht eingehalten werden kann. Gerade in Bezug auf das Heranwachsen der Futterpflanzen ist das ein Nachteil. Ein weiterer Grund, die Tiere erst nach einer Wartezeit einziehen zu lassen, liegt am Wachstum der Gehegepflanzen, damit die Schildkröten genügend Schutz erhalten.

Hausbesitzer sind bei der Anschaffung von Landschildkröten, die in einem Außengehege leben sollen, ein wenig bevorteilt. Denn hier muss nicht nach einer Erlaubnis gefragt werden, ein Gehege im Garten aufzubauen. Wir kennen viele Beispiele, bei denen die Haltung in einem nicht-eigenen Garten möglich ist. Doch bezüglich des Verlegens von Stromkabeln, dem Betonieren von Fundamenten etc. gibt es manchmal Einschränkungen bzw. es müssen Kompromisse eingegangen werden, die im eigenen Garten einfacher umsetzbar sind.

Ein Schildkrötengehege (hinterer Teil) lässt sich prima in den eigenen Garten integrieren.

III

Größe

Das Gehege ist für diese drei Schildkröten zwar groß genug, es zeigt jedoch deutlich, dass die Gehegegröße nur ein Faktor unter vielen ist.

Die Aussage, dass ein Gehege nie groß genug sein kann, ist richtig, trifft aber tatsächlich wohl nur auf ausgewachsene Schildkröten zu. Je größer die Fläche ist, desto besser und einfacher lassen sich großzügig strukturierte Bereiche gestalten. Auch beim Thema Futter wird der Vorteil klar, denn in einem großen Freigehege lassen sich viele bzw. vielfältige Pflanzen einsetzen bzw. aussäen, die sonst in einem zu kleinen Gehege schnell komplett abgefressen werden.

Wenn wir jedoch von einem Gehege für Schlüpflinge oder Jungtiere reden, so sollten wir aufpassen, dass dieses nicht zu groß dimensioniert wird. Denn wenn wir ein Jungtier betrachten, welches beispielsweise die Größe einer Walnuss hat, dann wäre solch eine Schildkröte in einem Gehege von beispielsweise 4x4 m tatsächlich nicht gut aufgehoben. Solch ein Tier könnte sich darin tatsächlich „verlaufen" und Probleme haben, jeden Abend das

Frühbeet aufzusuchen. Ausnahmsweise können wir hier keinen Vergleich mit der Natur anstellen, denn im Schildkrötenhabitat gibt es keine vorgeschriebenen Versteckplätze bzw. Plätze für die Nacht.

Regelmäßig werden wir mit einem Gutachten der Sachverständigengruppe tierschutzgerechte Haltung von Terrarientieren über die Mindestanforderungen konfrontiert, welches durch das Bundesministerium für Ernährung und Landwirtschaft in Auftrag gegeben wurde (Bundesministerium für Ernährung und Landwirtschaft 1997).

Demnach wird beispielsweise für das Gehege für eine Griechische Landschildkröte eine Mindestlänge der 8-fachen Panzergröße bzw. Mindestbreite der 4-fachen Panzergröße angegeben. Zwar wird im Gutachten mehrfach erwähnt, dass es sich um Mindestanforderungen handelt, die ermittelten Werte halten wir jedoch für deutlich zu gering.

Eine pauschale Größe als Richtlinie zu nennen, um Landschildkröten in einem Freigehege zu pflegen, ist kaum möglich. Die Größe eines Geheges ist unserer Meinung nach abhängig von verschiedenen Faktoren:

- Aktuelle Größe der Schildkröte
- Anzahl der gehaltenen Tiere
- Geschlechterverhältnis
- Schildkrötenart
- Strukturierung der Fläche (je mehr Elemente bzw. Strukturierung eingebracht werden, desto „größer" bzw. wertvoller ist die tatsächlich den Tieren zur Verfügung gestellte genutzte Fläche)
- Selbstversorger-Gehege

Wenn man auch nur einen der zuvor genannten Aspekte betrachtet, wird es schon kompliziert einen Richtwert zu nennen, der die Größe von Gehegen beziffert. Wir möchten deshalb anhand von mehreren Beispielen Informationen zu möglichen Gehegegrößen nennen.

3.1 Gehegegröße für Schlüpflinge und 1-jährige Tiere

Ein Gehege sollte mit dem Alter der Tiere mitwachsen. Hält man beispielsweise 2 bis 3 Tiere mit einer Panzerlänge von ca. 4 cm, so wäre ein Freigehege mit den Maßen 1x2 m sehr geeignet (zzgl. Frühbeet mit 1 oder 2 m² Grundfläche). Es ist ein großer Vorteil, wenn man bereits bei der Planung vorausschauend arbeitet, und so z. B. eine Erweiterung der Gehegefläche vorsieht. Vorhandene Gartenelemente (Weg, Teich, Mauer, Terrasse, Bäume bzw. Hecken etc.) sollten also vorab schon in die Planung mit einbezogen werden, damit man nicht gleich beim ersten Gehege an seine Kapazitäten der Endgröße stößt.
Der Vorteil von „kleinen“ Gehegen liegt darin, dass man diese relativ einfach mit Netz oder Draht sichern kann.

Zudem sollte man immer darauf achten, das Gehege nicht mit den Füßen zu betreten. Von daher ist es sehr bequem, wenn man solche kleinen

Zunächst sollte das Gehege für Schlüpflinge nicht zu groß dimensioniert werden.

ggf. „schlauchförmigen" Gehege von außen per Hand einfach reinigen bzw. Arbeiten durchführen kann (vgl. Hochbeet, welches das Arbeiten darin von außen sehr erleichtert).

3.2 Gehegegröße für Jungtiere

Ca. 4 Jahre später ist das vorherige Beispiel der 2 bis 3 Tiere mit einer Panzergröße von nun ca. 8 cm zu klein. Hier wäre eine Vergrößerung der Fläche auf 2x2 m oder 2x3 m ideal. Auch diese Fläche kann noch (je nach Bauform) bequem von außen erreicht werden und noch relativ einfach mit einem Netz oder Draht versehen werden.
Weitere ca. 3–4 Jahre später sollte die Gehegefläche auf ca. 4x4 m vergrößert werden. Häufig kann nun auf ein Netz oder Draht als Schutz verzichtet werden (vgl. jedoch Kapitel 12 „Schutz gegenüber Prädatoren").

Jungtiergehege mit den äußeren Maßen 2x3 m.

3.3 Gehegegröße für ausgewachsene Schildkröten

Eine pauschale Quadratmeter-Zahl zu nennen ist aus den bereits erwähnten Gründen schwierig. Wir möchten deswegen die Angaben von verschiedenen Autoren aufführen, damit sich der Halter selbst eine für sich möglichst allgemeingültige Faustregel erstellen kann.

FASS (2013) empfiehlt für die Haltung der Steppenschildkröten *(Agrionemys horsfieldii)* eine Gehegefläche von mindestens 10 m² pro Tier. Für ein Selbstversorger-Gehege spricht GEIER (2016) von 10–25 m² pro Tier. Diese Größe ist notwendig, damit sich die darin lebenden Schildkröten eigenständig mit Futterpflanzen versorgen können (vorausgesetzt es werden genügend Pflanzen durch den Halter darin ausgesät bzw. eingepflanzt). WEGEHAUPT (2013) beziffert die Größe der Gehege pro Tier mit „nicht kleiner als 20 m².

Strukturiertes Gehege für ausgewachsene Landschildkröten (Teilansicht).

Hinweise

Neben der eigentlichen Gehegefläche ist, wie bereits genannt, die Strukturierung ein wichtiger Faktor. Jedes zusätzliche Gestaltungselement (Erdwall, Hügel, Schatten- oder Versteckplätze, Pflanzenbewuchs) bietet den Tieren effektiv gesehen eine wertvollere Fläche. An dieser Stelle wird deutlich, dass sich auch ein vergleichsweise kleines Gehege mit großzügigen Strukturierungen zu einem guten Freigehege entwickeln kann.
Die hier gemachten Angaben zur Panzergröße sollen nur als grobes Beispiel dienen, denn wir können nicht alle Faktoren, die das Wachstum beeinflussen, an dieser Stelle aufführen (bspw. Art der Haltung, Schildkrötenart, Geschlecht der Tiere etc.). Ein wenig überspitzt ausgedrückt: Wir möchten vermeiden, dass Schlüpflinge in einem 10 m² (zu) großen Gehege leben müssen bzw. ausgewachsene Schildkröten in einen (zu) kleinen Kaninchenfreilauf gesteckt werden.

Das Gehege muss den Tieren in Bezug auf die Größe etc. angepasst sein.

IV

Umrandungen/ Gehegebegrenzung

Diese Schildkröte hat die „griffige" Umrandung überklettert und sitzt im Pflanzring. Solche Kletteraktionen müssen unbedingt verhindert werden.

Nachdem wir im vorherigen Kapitel die Größe unseres Freigeheges festgelegt haben, geht es in diesem Abschnitt um die Wahl der Gehegebegrenzung. Vor der Auswahl der Umrandung müssen wichtige Dinge berücksichtigt werden.

Sehr schlechtes Beispiel einer Schildkrötenhaltung bzw. Umrandung mit einem Drahtzaun.

- Um ein Überklettern zu verhindern, sollte die Umrandung wenigstens 40 cm hoch sein! Oder, je nach Größe der Tiere, wird die Höhe so festgelegt, dass zwei übereinander kletternde Tiere nicht die Oberseite erreichen können.
- Je nach Schildkrötenart ist darauf zu achten, dass die Einfassung nicht untergraben werden kann. Die Steppenschildkröten graben zum Teil meterlange unterirdische Gänge. Bei dieser Art muss die Einfriedung mindestens 25 cm in den Boden hineinragen.
- Die Umrandung sollte blickdicht sein. Durchsichtige Materialien wie z. B. Stegplatten würden die Schildkröten nicht als Begrenzung erkennen und immer wieder versuchen dort auszubrechen.
- Landschildkröten sind wahre Ausbruchkünstler und nutzen Ecken und Kanten gerne zum Überklettern. Es empfiehlt sich daher eher eine geschwungene Form der Einzäunung zu wählen, anstelle 90-Grad-Ecken zu erbauen.

Jeder noch so kleine Spalt unter der Begrenzung kann die Schildkröten zum Graben verleiten.

90-Grad-Ecken sollten möglichst vermieden werden.

Darüber hinaus tauchen Fragen auf, die jeder Halter individuell für sich selbst beantworten sollte:

- Was darf die Umrandung kosten?
- Kann ich die Begrenzung selbst setzen oder muss ein Fachmann beauftragt werden (siehe Kostenaufwand)?
- Soll die Umrandung auf Dauer sein? Oder kann ich die Umrandung jederzeit und ohne Probleme erweitern?
- Wie passt die Abgrenzung in das Gesamtbild des Gartens?

Neben der äußeren Begrenzung des Schildkrötengeheges haben einige Halter in deren großen Freigehegen Durchgänge geschaffen, die einfach zu verschließen sind. Das kann z. B. dann von Vorteil sein, wenn einzelne Tiere von der Gruppe kurzzeitig separiert werden sollen oder wenn es Arbeiten am Gehege erfordern. Auch im Frühjahr und im Herbst kann dies praktisch sein, wenn beispielsweise der zur Verfügung gestellte Platz ein wenig reduziert wird. Denn sonst besteht oftmals die Gefahr, dass die Tiere im großen Gehege verbleiben und das Frühbeet oder Gewächshaus nicht mehr aufsuchen. Das erspart dem Halter ggf. eine lange Suchaktion nach seinen Tieren.

4.1 Materialien

Holz

Die Lebensdauer einer Umrandung aus dem Rohstoff Holz ist sehr begrenzt. Holz verrottet relativ schnell und ist für eine Gehegebegrenzung weniger geeignet.

Massiv gezimmerte Umrandung aus Holz (Lärche).

Wer sich dennoch für dieses Material entscheidet, sollte sich für imprägnierte Bretter oder witterungsbeständiges Holz entscheiden. Zu diesen gehören:

- Douglasie
- Lärche (der hohe Harzgehalt sorgt für die Wetterfestigkeit)
- Robinie (sehr hartes und wetterbeständiges Holz)
- Eiche, Zeder
- Teak, Bangkirai

Bei den genannten Tropenhölzern Teak und Bangkirai sollte darauf geachtet werden, dass das Holz aus verantwortungsvoll bewirtschafteten Wäldern stammt (FSC Zertifizierung). Ein Anstrich ist nicht unbedingt notwendig. Im Zuge des Naturschutzgedankens sollte man sich jedoch die Frage stellen, ob man für die Umrandung eines Geheges für unter Artenschutz stehende Tiere (Schildkröten) tatsächlich Tropenholz wählen möchte.

Weniger geeignetes Holz (z. B. Fichte) sollte jährlich zum Schutz vor Verwitterung mit einer Holzlasur gestrichen werden. Hierzu verwendet man eine Lasur auf Wasserbasis, gesundheitlich unbedenklich mit dem Siegel „Für Spielzeug geeignet, nach Trocknung des Anstrichs gemäß EN 71, Teil 3“.

Beetrollis (aus Holz) sind günstig und werden oft als Abtrennung im Gehege verwendet.

Als Begrenzung sind diese nicht zu empfehlen, da sie meist zu niedrig sind und gerne überklettert werden. Außerdem verrotten die Beetrollis sehr schnell, sobald sie in Kontakt mit dem Erdboden gelangen (Achtung Metallkrampen).

Holz-Beetrollis

Zaunelemente sind rasch aufgebaut und haben die nötige Höhe, um ein Überklettern zu verhindern. Sie passen sich gut ins Gesamtbild der Gartenanlage an und bieten den notwendigen Sichtschutz. Sind die Elemente aus witterungsbeständigem Holz gefertigt, hält diese Umrandung mehrere Jahre. Damit das Holz keinen Bodenkontakt hat, werden Bodeneinschlagshülsen aus verzinktem Stahl eingesetzt und die Zaunelemente somit montiert. Konstruktionsbedingt besteht zum Boden kein Abschluss. Um ein Untergraben und Ausbruch zu verhindern, wird an der Innenseite eine flexible Rasenkante aus Wellblech oder Kunststoff befestigt (vgl. S. 228 oben).

Holzpalisaden sind angespitzte Pfähle in verschieden Längen und Querschnitten. Sie sind aus kesseldruck-imprägniertem Holz (Fichte, Kiefer, Tanne) oder aus witterungsbeständigem Holz wie Eiche, Robinie, Lärche oder Tropenholz gefertigt.
Mit Palisaden ist der Gehegebauer flexibel und kann individuell je nach Geschmack bauen. Entsprechend der Qualität des Holzes halten Palisaden mehrere Jahre. Besonders anfällig sind Holzpalisaden bei Staunässe. Diese bilden einen idealen Nährboden für Pilze, die das Holz angreifen und zerstören.

Siebdruckplatten eignen sich hervorragend für den Gehegebau. Sei es als Unterbau für das Frühbeet oder zur Gehegebegrenzung. Diese bestehen aus mindestens 5 Furnierlagen, die kreuzweise miteinander unter Einsatz von Phenolharz (Kunstharz) verleimt werden. Durch die kreuzweise Verleimung erhalten diese besondere Form von Multiplexplatten ihre Stabilität. Die Außenseiten werden zusätzlich mit Phenolharz beschichtet, wodurch die Oberfläche extrem hart und widerstandsfähig gegen Feuchtigkeit und mechanische Belastung wird. Dadurch können Siebdruckplatten auch im Boden versenkt werden. Schnittkanten sollten jedoch unbedingt nachträglich versiegelt werden.
Die äußere Beschichtung ist auf der einen Seite glatt und auf der anderen mit einer feinen, siebartigen Prägung versehen (daher der Name).
Wir möchten jedoch darauf hinweisen, dass der Handel verschiedene Qualitäten anbietet. Und so kann es vorkommen, dass solche verbauten Siebdruckplatten nach ein paar Jahren tatsächlich aufweichen. Daher sollte man auf die genaue Artikelbeschreibung achten bzw. den Verkäufer/Händler befragen.

Steinmauer/Trockenmauer

Eine Trockenmauer ist nicht nur optisch, sondern auch ökologisch eine wertvolle Bereicherung für den Garten und das eigene Schildkrötengehege.
Auf Mallorca sind diese Mauern überall auf der Insel verbaut und dienen als Begrenzung von Grundstücken oder Naturschutzgebieten.

Im Schildkrötengehege haben diese mehrere Aufgaben zu erfüllen. Neben der Eingrenzung des Geheges dienen die übereinandergelegten Steine als Wärmequelle und Thermoregulierung für die Schildkröten. Vorwiegend in den Morgenstunden und gegen Abend halten sich die Tiere in der Nähe auf, um die abstrahlende Wärme aufzunehmen.

Sicher verbaute und hohe Steinmauer im Schildkrötengehege.

Trockenmauern haben aber noch weitere Vorteile. Durch die „trockene" Verlegung können in den Fugen Futterpflanzen wachsen oder angesät werden. In diesen Nischen finden daneben nützliche Insekten wie Biene und Hummel Unterschlupf. Heimische Reptilien wie Eidechse und Blindschleiche suchen ebenso gerne die warmen, trockenen Stellen auf. Wichtig bei einer Trockenmauer ist eine Mindesthöhe von 40 cm einzuhalten bzw. die Tatsache, dass die Schildkröten daran nicht hochklettern können und dem Gehege entweichen. Naturbelassene und behauenen Steine können günstig in einem Steinbruch erworben werden. Passend zu einem mediterranen Schildkrötengehege sind Sand- oder Kalksteine.

Immer öfters zu sehen sind Steinkörbe, sogenannte Gabionen. Ein mit Steinen gefüllter Drahtkorb bildet die Gehegebegrenzung. Solch eine Begrenzung ist zwar relativ schnell aufgebaut, doch ist dringend darauf zu achten, dass beim Befüllen mit Steinen keine Zwischenräume entstehen.

Solche Steinformationen sehen im Gehege schön aus, eignen sich jedoch nicht als (äußere) Umrandung.

Die gestapelten Steine könnten sonst ins Rutschen geraten und Tiere darunter verletzen. Hat sich der Halter für Drahtkörbe entschieden, sollten die Körbe aus rostfreiem Metall bestehen. Des Weiteren ist darauf zu achten, dass die Schildkröten keine Möglichkeit finden an den Steinkörben hochzuklettern. Notfalls muss hier ein Überhang, z. B. mit aufliegenden Brettern, eingebaut werden. Insbesondere für Jungtiere sind diese Gabionen ungeeignet.

Generell ist bei einer Steinmauer darauf zu achten, dass diese sehr stabil gelegt wird. Notfalls lässt man sich von einem Maurer oder Gartenbauer helfen. Bei einer nicht fachgerecht verlegten Trockenmauer können lose und wackelige Steine eine Gefahr für die Tiere darstellen.

Beton

Betonelemente werden sehr oft und in verschiedenen Varianten für die Gehegeeinfriedung genutzt. So haben Palisaden aus Beton den entscheidenden Vorteil gegenüber Palisaden aus Holz, dass jene nicht verrotten.

Weitere Möglichkeiten sind Tief- oder Hochbordsteine in verschiedenen Ausführungen, Rasenkantensteine oder sogenannte L-Steine.

Pflanzsteine bzw. Pflanzringe haben den weiteren Vorteil, dass diese mit Futterpflanzen bestückt werden können. Für die nötige Höhe werden zwei Pflanzsteine übereinandergesetzt und dann bepflanzt.

Ein Nachteil dieser Betonelemente ist ihre raue Oberfläche. Schildkröten nutzen diese „Trittflächen“ gerne um nach oben zu gelangen. Um ein Übersteigen zu vermeiden, wird der oberste Pflanzring leicht nach innen gesetzt.

Diese Rasenkantensteine wurden stellenweise mit Mörtel stabilisiert. Das angebrachte Holz (Terrassendiele) sorgt für einen Überkletterschutz.

Diese Betonsteine sind leicht (und je nach Umfang ohne Mörtel) aufzureihen. Ggf. kann solch ein Holzlatte eine zusätzliche Barriere darstellen.

Solche Pflanzringe sollten entweder mit einer zweiten Lage versehen werden oder mit Hilfe eines oben angebrachten Brettes gegen ein überklettern gesichert werden.

So entsteht ein Überhang und die Tiere können so die Steine nicht überklettern. Ein weiterer Vorteil von Pflanzsteine ist ihre Flexibilität. Bei Erweiterungen oder Eingrenzungen können diese Steine schnell ohne großen Aufwand versetzt werden.

Unter normalen Umständen laufen Europäische Landschildkröten nicht ständig an der Umrandung des Geheges entlang. Tun sie es doch (unruhige Tiere, zu kleine Gehege, ungeeignetes Geschlechterverhältnis etc.) können Verletzungen bzw. Abschürfungen des Panzers entstehen.

Kunststoff

Eine weitere Möglichkeit zur Gehegebegrenzung sind Kunststoffelemente. Hier sollte generell aber auf durchsichtige Elemente wie Stegplatten verzichtet werden, da die Tiere transparente Begrenzungen nicht akzeptieren und immer wieder versuchen werden, an der Grenze auszubrechen.
Paneelen aus Kunststoff (PVC Paneele) sind blickdicht, sie haben aber den Nachteil, dass sie weniger UV-beständig sind. Dadurch werden sie mit der Zeit brüchig bzw. splittern.
Eine Alternative als Eingrenzung für kleinere Gehege (Jungtiergehege) sind UV-beständige Kunststoff-Bausteine. Diese frostbeständigen Elemente werden von einigen Herstellern als Stecksystem angeboten und können beliebig erweitert werden.

Diese Kunststoff-Bausteine eignen sich für die Errichtung einer Umrandung. Wird damit jedoch eine Art Hochbeet als Gehege gebaut, müssen Eisenstangen o.ä. verwendet werden, damit das Gewicht der eingebrachten Erde etc. nicht das komplette Gehege nach außen drückt.

Diese fünf Fotos zeigen deutlich, dass Landschildkröten sehr gute „Kletterer" sind. Daher sollten wir dem Thema der Umrandung große Aufmerksamkeit schenken.
Foto rechts oben: Simone Tietze;
Fotos in der Mitte: Jana Dittmann

4.2 Zoograben

Eine Gehegebegrenzung die unauffällig, nicht viel Geld kostet und sich harmonisch ins Gesamtbild einfügt, ist der Zoograben (WIRTH 2012b). Diese Gehegeeingrenzung ist eine versenkte Abgrenzung zwischen Mensch und Tier. Der Halter hat freie Sicht auf seine Urzeittiere und es entsteht weniger Schattenwurf im Gehege durch eine störende Eingrenzung.

Dieser Zoograben (Naturstein-Palisaden links) als Gehegebegrenzung für Pantherschildkröten fügt sich angenehm in den Garten ein. *Foto: Bernd Wolff*

Zum Anlegen eines Zoograbens werden die Umrisse des zukünftigen Geheges im Vorfeld mit einer Mauerschnur markiert (oder mit einem Spaten ausgehoben).

Dann wird ca. mindestens 40 cm tief und entsprechend breit (für einen sanften Übergang ins Gehege) die Erde ausgeschachtet. Mit dem Aushub werden später bei den Feinarbeiten Hügeln und Senken modelliert.

Um Staunässe entlang des Grabens zu verhindern, wird eine Drainage verlegt. Zur Stabilisierung des Grabens wird anschließend eine Stützmauer angelegt.

Hier sind dem Halter dann wieder keine Grenzen gesetzt. Abraten würden wir allerdings von unbehandeltem Holz, da dieses in Kontakt mit der Erde sehr schnell verrottet.

Sehr gut geeignet sind Betonpalisaden, Steinplatten, Natursteine oder eine aus Beton gegossene Umrandung. Diese Materialien sind fast unbegrenzt haltbar, wärmen sich bei Sonneneinstrahlung auf und dienen den Tieren so als Wärmespeicher.

Bei einem Zoograben empfiehlt es sich die Umrandung möglichst vegetationsfrei zu halten, damit überhängende bzw. ins Gehege hineinwachsende Pflanzen nicht als Kletterpflanze von den Tieren genutzt werden.

Trotz sicherer Gehegeumrandung sollten wir unsere Landschildkröten nicht dazu verleiten diese zu erklimmen.

V

Gruppen-zusammen-stellung

Der Blick aus der Vogelperspektive (Drohnenaufnahme) zeigt eine sehr üppige Strukturierung dieses Landschildkröten-Geheges.

In Kapitel 1 „Natur als Vorbild" wurden die verschiedenen Arten vorgestellt. Alle Europäischen Landschildkröten zeigen fast dieselben Verhaltensmuster im Hinblick auf das Zusammenleben mit ihren Artgenossen. In ihren natürlichen Habitaten sind adulte (geschlechtsreife) Tiere mehr oder weniger Einzelgänger. Sie leben in offenen, losen Verbänden in ihren Gebieten, die sich mitunter überschneiden.

Die Gruppenzusammenstellung sollte im Vorfeld gut überlegt und ggf. erst nach Absprache mit Schildkrötenhaltern, Züchtern, Tierärzten etc. erfolgen.

Sie begegnen Artverwandten eher zufällig beziehungsweise in der Paarungszeit. Sie haben aber im Zuge dessen ständig lockeren Kontakt und kennen sich gegenseitig (Wegehaupt 2012). Zwar wird immer wieder geschrieben, dass Europäische Landschildkröten Einzelgänger und dadurch hervorragend für eine Einzelhaltung geschaffen sind, doch zeigen sie in ihren Habitaten und in der Haltung in Freigehegen ein Sozialverhalten gegenüber der eigenen Art.

So beschreiben Vinke & Vinke (2004) eine auffällige Anhäufung von der Breitrandschildkröte *(Testudo marginata)* in einem Habitat. Während bei gleicher Bodenbeschaffenheit und Pflanzendichte keine Tiere zu sehen waren, saßen nur wenige Meter davon entfernt mehrere Exemplare an einer Stelle eng zusammen. Ein weiteres Indiz für ein Sozialverhalten ist ihre Standorttreue. Jeder Halter macht fast jeden Tag diese Erfahrungen. Sucht man ein Tier abends, hat sich dieses sehr oft an der immer selben Stelle eingegraben.
Europäische Landschildkröten können, sie sollten aber nicht einzeln gehalten werden.

Wir möchten aber an dieser Stelle auch davon berichten, dass es durchaus vorkommen kann oder tatsächlich sinnvoll ist, Tiere alleine zu halten. Zum einen gibt es sehr aggressive Schildkröten, die einfach nicht mehr in eine Gruppe integriert werden können. Zum anderen sollte man auch auf die „Vorgeschichte" der Tiere achten: Falls eine Schildkröte seit zig Jahren in einer Einzelhaltung lebt, sollte man es sich wirklich überlegen, ob man den zusätzlichen Stress durch eine Vergesellschaftung mit neuen Tieren riskieren sollte. Denn manchmal macht es tatsächlich Sinn, das Tier weiterhin einzeln zu halten.

Viele Faktoren müssen beachtet werden, um eine homogene Gruppe halten zu können. Auch für eine erfolgreiche Zucht und hohe Reproduktionsrate ist eine harmonierende Gruppenzusammenstellung von großer Bedeutung. Der größte Faktor ist ein ausreichend großes und gut strukturiertes Gehege.

Weitere Faktoren sind die Haltung der gleichen Art bzw. Unterart, sowie ein ausgewogenes Geschlechterverhältnis (ein Männchen, mindestens zwei oder besser drei Weibchen).

5.1 Gemischte Gruppe

Sollen mehrere Tiere in einem Gehege gehalten werden, ist es zu allererst wichtig das richtige Geschlechterverhältnis zu haben. Zu einem Männchen sollten mindestens zwei, besser drei oder mehr Weibchen gesetzt werden. Männliche adulte Tiere sind in der Paarungszeit sehr aufdringlich und können das Weibchen unter Umständen beim dauerhaften Bedrängen schwere Verletzungen zufügen.
Neben einer ausreichenden Gehegegröße ist daher eine gute Strukturierung sehr wichtig. Die Tiere sollen und müssen sich aus dem Wege bzw. aus dem Sichtfeld gehen können. Leider gibt es keine Garantie, dass solch eine Gruppe mit z. B. einem Männchen und drei Weibchen funktioniert. Hat sich das Männchen auf ein Weibchen fokussiert, besteht trotz allem die Gefahr, dass das Weibchen laufend bedrängt und die anderen dafür komplett in Ruhe gelassen werden. Daher ist beim Gehegebau eine eventuelle Abtrennungsmöglichkeit immer mit einzuplanen.

5.2 Gruppe nur mit weiblichen Tieren

Erfahrungen, auch von anderen Schildkrötenhaltern, haben gezeigt, dass eine Vergesellschaftung von Weibchen auf Dauer gut funktionieren kann. Zwar sind bei dieser Zusammenstellung Kommentkämpfe nicht selten, aber in der Regel sind diese nur von kurzem Verlauf und werden nicht so aggressiv geführt wie bei den männlichen adulten Tieren. Natürlich gibt es auch hier Ausnahmen. Sollte ein dominantes Weibchen seine Artgenossen zu sehr bedrängen, muss dieses ggf. von der Gruppe getrennt und in einem separaten Gehege gehalten werden.

5.3 Gruppe mit männlichen Tieren

Eine reine Männchen-Gruppe funktioniert in den seltensten Fällen. Besonders zur Paarungszeit, wenn die Hormone „verrücktspielen“, kommt es häufig zu Kommentkämpfen, die für das unterlegene Tier mit zum Teil schlimmen Verletzungen enden. Aber, Ausnahmen bestätigen die Regel: Männliche Schlüpflinge, die von Anfang an zusammen leben, harmonieren oft im erwachsenen Alter.

5.4 Gruppe mit juvenilen oder semiadulten Tieren

Juvenile („junge“) und semiadulte (halbausgewachsene) Europäische Landschildkröten leben in ihrem Habitat sehr versteckt in einem Verbund zu mehreren Tieren. Sie suchen regelrecht die Nähe und verbringen so die ersten Jahre unter einem Gestrüpp aus vertrockneten Pflanzen.

Daher sollten bei einer Haltung von Schlüpflingen mindestens zwei Tiere zusammen gehalten werden. Allerdings besteht bei einer Zusammenstellung einer Gruppe juveniler Tiere die Gefahr, dass sich später ein ungünstiges Geschlechterverhältnis herausstellt. Darum sollte es beim Bau eines Freigeheges immer die Möglichkeit geben, notfalls das Gehege abzutrennen und mit einem eigenen Frühbeet einschließlich Technik auszustatten.

Wird zu einer bestehenden Gruppe oder einzelnem Tier ein weiteres hinzugesetzt, ist zwingend eine Quarantänezeit von mindestens einem Jahr (besser zwei Jahre) einzuhalten (siehe Kapitel 14 „Besondere Gehege“).

Griechische Landschildkröten im Freigehege.

Eine harmonisierende Gruppe ist „Gold wert“, man kann sie aber nicht erzwingen.

5.5 Vergesellschaftung mit anderen Tieren

In ihren natürlichen Lebensräumen treffen Europäische Landschildkröten selbstverständlich auch auf andere Tiere. Hier sind die Territorien aber so groß, dass sie sich alle wieder aus dem Wege gehen und sich wahrscheinlich nicht mehr begegnen werden. Anders ist das in einem auf wenige Quadratmeter reduzierten Lebensraum im eigenen Garten.

Werden nun Europäische Landschildkröten mit Meerschweinchen, Kaninchen etc. im eigenen Garten zusammen gehalten, kommt es zwangsläufig zu einem täglichen Kontakt. Das bedeutet für die Tiere Stress. Zudem sollte man bedenken, dass es sich bei diesen Tieren um Futterrivalen handelt. Und so wäre ein liebevoll gestaltetes Landschildkrötengehege innerhalb kurzer Zeit durch Kaninchen oder Meerschweinchen tatsächlich recht schnell leer gefressen.

Zudem können Krankheiten, die für die eine Tierart problemlos sind, für die andere Art negative Folgen haben. Darmparasiten (Würmer und deren Eier) werden mit dem Kot ausgeschieden und könnten der anderen Tierart Schaden zufügen. Umgekehrt besteht diese Gefahr gleichermaßen.
Stressbedingt können sich die Parasiten bei Landschildkröten, selbst bei sonst optimaler Haltung, explosionsartig im Darm vermehren und gesundheitlichen Schaden anrichten. Daher sollte auf eine Vergesellschaftung mit anderen Tieren (Vögel, Hühner, Ziegen, Enten etc.) grundlegend verzichtet werden.

Seltener und zugleich hübscher Schnappschuss im Schildkrötengehege.

Fazit

Es ist nicht einfach eine funktionierende Gruppe zusammenzustellen. Ein großer Vorteil wäre es eine bereits seit Jahren zusammen lebende Gruppe zu übernehmen.

Um sich eine Gruppe aufzubauen, ist es am sinnvollsten, mehrere Schlüpflinge bei einem verantwortungsvollen Züchter zu kaufen. Dieser steht einem auch danach immer mal wieder mit Rat und Tat zur Seite.

Besitzt der Halter schon eine funktionale Gruppe und möchte diese erweitern, kann das hinzugesetzte adulte Männchen (oder Weibchen!) die bestehende Rangordnung durcheinanderwirbeln und das Gruppengefüge stören. Auch das ist nicht zu unterschätzen.

Es besteht aber auch die Gefahr, dass das hinzugesetzte neue Tier von seinen Artgenossen oder einem einzelnen Tier dauerhaft bedrängt wird. Möchte man trotz allem seine Gruppe erweitern, wäre es sinnvoller ein semiadultes Tier, dessen Geschlecht schon erkennbar ist, nach erfolgter Quarantänezeit dazuzusetzen, da juvenile und semiadulte Landschildkröten von den erwachsenen Tieren kaum wahrgenommen werden.

VI

Einrichtung

Eiablage bei einer Maurischen Landschildkröte im Gehege.

Nachdem wir uns im Kapitel 1 „Natur als Vorbild“ die Bodenbeschaffenheit der natürlichen Habitate angesehen haben, geht es in diesem Abschnitt darum, die gewonnenen Erkenntnisse bei der Gehegegestaltung mit einfließen zu lassen.

6.1 Der Bodenuntergrund

Wenn der geeignete Standort für das Freigehege ermittelt ist, wird der Bodenuntergrund analysiert und eventuell optimiert. Wie erwähnt, ist ein wichtiger Punkt einer naturnahen Haltung ein ausreichendes Maß an Wärme bereitzustellen. Schildkröten sind wie alle Reptilien wechselwarm. Das bedeutet, dass sie keine eigene Körperwärme erzeugen. Sie sind somit auf die Außentemperatur angewiesen. Da es in unseren Breitengraden im Durchschnitt kühler ist, sollte sich der Untergrund weitestgehend an den Ursprungshabitaten orientieren.

Der Bodengrund in den natürlichen Lebensräumen besteht hauptsächlich aus trockenem, steinigem, wasserdurchlässigem Erdreich, der nach Niederschlägen schnell abtrocknet. Häufig sind in Deutschland nährstoffreiche oder/und lehmhaltige Böden die Regel. Für unsere Schildkrötengehege benötigen wir jedoch sandigen oder leichten Erdboden. Um herauszufinden, welchen Boden wir in unserem Garten haben, hilft die Fingerprobe:

- **Sandiger Boden:** Dieser Boden fühlt sich rau an, lässt sich nicht formen und hält nicht an den Fingern.
- **Leichter Boden:** Er lässt sich schwer kneten und haftet kaum an den Fingern.
- **Lehmiger Boden:** Er ist mit den Fingern formbar, bildet beim Ausrollen aber schnell Risse. Diese Bodenart speichert Wasser und hat ausreichend Nährstoffvorräte.
- **Toniger Boden (schwerer Boden):** Dieser Untergrund lässt sich gut formen und ausrollen. Er haftet stark an den Fingern. Schwere Böden können viel Wasser aufnehmen aber aufgrund der Bodenstruktur nur wenig davon weiterleiten. Daher besteht die Gefahr von Staunässe oder von Überschwemmungen bei einem Starkregen.

6.2 Bodenaufbereitung

Hat man die Erdschicht analysiert, geht es an die Aufbesserung des Untergrundes. Ist man in der glücklichen Lage und hat einen sandigen oder leichten Bodenuntergrund, muss die Erde nicht zusätzlich bearbeitet werden. Als erstes werden die Grassoden zum größten Teil entfernt, um trockene Stellen im Gehege zu schaffen.

Grasflächen speichern nämlich das Wasser bzw. den Morgentau, wodurch Kältezonen entstehen. Des Weiteren verhindert ein üppiger Grasbewuchs im Gehege das Anwachsen von Wildkräutern (Futterpflanzen). Falls gewünscht kann man die Grasflächen nicht komplett entfernen, damit einige kühlere Zonen vorhanden bleiben, wohin sich die Tiere bei hohen Sommertemperaturen zurückziehen können.

Neben Dolomitkalk eignet sich ebenso Algenkalk sehr gut für die Bodenaufbereitung.

Schwere Böden müssen aufbereitet werden, da sie sonst zu viel Wasser aufnehmen und speichern. Neben der Gefahr der Staunässe bzw. Überschwemmungen haben nasse Untergründe bei gleicher Sonneneinstrahlung eine niedrigere Oberflächentemperatur als sandige oder leichte Böden. Durch Messungen haben wir festgestellt, dass sich die Temperaturen auf einer Grasfläche, in der Futterwiese und im mit Kalkschotter aufgewerteten Freigehege unterscheiden. Der Temperaturunterschied betrug fast 6 °C.

Gras bzw. Pflanzen regulieren ihre Temperatur durch Wasserverdunstung. Durch diese Verdunstungskälte haben diese Flächen eine deutlich niedrigere

Temperatur als Steinflächen. Besonders in den Übergangszeiten ist das ein erheblicher Wärmevorteil gegenüber Grasflächen.

Um den schweren Boden wasserdurchlässiger zu gestalten werden ca. 15 cm Muttererde abgetragen, mit Sand, handelsüblichen Dolomitkalk (reiner Kalk ohne Dünger) oder Kalkschotter vermischt und wieder in den Gehegen verteilt.

Es empfiehlt sich, den Boden wiederholend zu kalken (zur Verbesserung der Bodenchemie und zur Entsäuerung des Bodens). Hierfür wird ausschließlich Kalk basierend auf Calciumcarbonat (CaCO3), auch kohlensaurer Kalk genannt, verwendet, der in Dolomitkalk, Kalkstein und Algenkalk vorhanden ist.

Damit die Tiere nicht durch den Kalksand stampfen, werden die Gehege im Frühjahr und im Spätherbst (wenn die Tiere sich noch oder schon in der Ruhephase befinden) kurz vor einem Regenschauer gekalkt.
Durch das regelmäßige Kalken wird das Wachsen von Gras eingedämmt und saure Böden werden etwas aufgewertet. Moos z. B. bevorzugt sauren Boden und verbreitet sich dann sehr schnell im Garten oder in den Gehegen und verhindert das Wachsen von Futterpflanzen.

6.3 Trockenplätze

Optimal, wenn ein Kalksteinbruch in näherer Umgebung vorhanden ist und man dort den Kalkschotter beziehen kann. Es ist aber nicht zwingend notwendig, sein Gehege mit Kalkschotter aufzubereiten! Andere Gesteinsarten sind für den Gehegebau ebenfalls verwendbar.

Wichtig ist nur: Je mehr Steinen/Schotter wir in die Gehege einbringen, desto mehr trockene Plätze kann ich den Tieren für die Thermoregulierung anbieten. Das soll aber im Umkehrschluss nicht bedeuten unsere Gehege beinahe komplett mit Steinen zuzuschütten. Das wäre nicht der Gedanke einer naturnahen Haltung.

Es kommt auf die Mischung an: Weder Gehege mit ausschließlich Erde, noch mit ausschließlich Kalksteinen sind geeignet.

In diesem Bereich des Geheges ist Kalkschotter als Weg für den Halter zum Gewächshaus aufgeschüttet worden. Sogar Futterpflanzen wachsen darin sehr gut. Nicht gewünschtes Gras kann inkl. Wurzeln sehr gut heraus gezogen werden.

Die Körnung sollte beim Schotter 0/32 mm betragen. Der Staubanteil wird bei Niederschlägen in den Boden eingeschlämmt und bewirkt so eine stabile Trittfläche für Tier und Mensch. Zusätzlich nehmen wachsende Futterpflanzen einen kleinen Anteil an Calcium auf.

Es gibt Landschildkröten, die unnatürlich viele Steine etc. bewusst aufnehmen. Häufig liegen bzw. lagen Haltungsfehler vor. Auch bei einer Legenot können Steine tatsächlich eine große Rolle spielen. Sogar bei einem Mineralmangel kann solch ein Aufnehmen der Steine ein Anzeichen sein. Von daher möchten wir an dieser Stelle den Hinweis auf Lithophagie (aktives Fressen von Steinen) geben, um eine evtl. Gefahr auszuschließen bzw. zu erkennen. Das weitere Vorgehen muss dann mit dem schildkrötenerfahrenen Tierarzt geklärt werden.

Um das lästige Graszupfen auf ein Minimum zu reduzieren, wäre es sinnvoll, eine Schicht von ca. 15 cm mit einem Kalkschotter-Erd-Gemisch aufzufüllen. Die Kalksteinwerke bieten den Kalk in verschiedenen Dimensionen an. Sogenannte Wasserbausteine in den Größen 20–40 cm eignen sich ideal zum Gestalten eines Geheges. So können kleine Trockenmauern aufgelegt werden, die die Tiere gerne zum morgendlichen Sonnenbaden und zur Thermoregulierung nutzen. Auch gut als Wärmespeicher geeignet ist Schiefergestein. Diese halten die Wärme lange und geben diese nachts an die Umgebung wieder ab. Reine Trockenplätze bzw. Wärmeinseln werden an die sonnigsten Stellen eines Freigeheges errichtet (Kiefer 2020).

Absolut ungeeignet sind sogenannte Unkrautfolien. Diese verhindern genau das, was wir eigentlich möchten: „Unkraut" also Wildkräuter im Gehege! Außerdem könnte es zu Verletzungen führen, wenn die Tiere, besonders in den Übergangszeiten, versuchen sich einzugraben und dabei auf das Vlies stoßen. Zudem verhindern diese Folien eine Durchmischung der einzelnen Substrate, so dass Steine bzw. Schotter schnell für den Schildkrötenhalter zur Rutschpartie führen.

Die Steppenschildkröten *(Testudo (Agrionemys) horsfieldii)*, eine weitere oft gehaltene Landschildkrötenart, hat ähnliche Bedürfnisse an die Haltung wie ihre europäischen Verwandten. Allerdings benötigen diese mehr Umgebungswärme und vermehrt trockene Plätze (vgl. der weitere deutsche Artname „Steppenschildkröte", siehe Fass 2013). Besonders bei dieser Art ist die Planung eines passenden Gehegeplatzes und Gestaltung des Untergrundes im Vorfeld sehr wichtig.

6.4 Strukturierung des Freigeheges

Hier sind den Fantasien keine Grenzen gesetzt. Aber wie bei allem im Leben (und das ist ja gut so) sind die Geschmäcker unterschiedlich. Wir für unseren Teil versuchen den Tieren, wenn möglich, ein unberührtes natürliches Primärhabitat komprimiert in den Gehegen anzubieten.

Nach dem Vorbild der Natur errichtetes Gehege für ausgewachsene Europäische Landschildkröten.

Der Landschildkröte ist es im Grunde egal, ob sie sich unter einer Wurzel oder einem Gartenzwerg versteckt. Wichtig ist, dass die Tiere genügend Abwechslung in ihren Gehegen haben und ausreichend Möglichkeiten ergeben, sich vor den anderen Artgenossen zu verstecken (vgl. Paarungszeit).

Steine

Mit kleineren Steinen werden Trockenmauern gelegt oder größere, einzelne Brocken („Findlinge") zur Abtrennung bzw. zum Sichtschutz genutzt.

Solche Steine werden von den Schildkröten gerne aufgesucht, um sich dem Einstrahlwinkel der Sonne entsprechend aufzurichten.

Die Bilder auf dieser Seite zeigen verschiedene Möglichkeiten der Verwendung von Steinen im Gehege.

Steinmauern werden gerne von Landschildkröten für die „Aufwärmphase" benutzt. Dabei richten sie sich zum Teil an der Mauer auf, um mit dem optimalen Winkel zur Sonne möglichst viele Sonnenstrahlen abzubekommen.

Steinhöhlen werden sehr gerne von unseren Tieren aufgesucht, da sie Schutz und Wärme bieten. Selbstverständlich muss darauf geachtet werden, dass die Höhle „einsturzsicher" ist. Notfalls werden die Steine mit Silikon oder Beton etc. miteinander verklebt bzw. vermauert.

Alternativ lassen sich mit wärmespeichernden Ziegelsteinen und Gehwegplatten tolle Höhlen bauen. Gehwegplatten können zusätzlich für die eigenen Wege im Gehege verbaut werden, was die Tiere dann wieder zur Thermoregulierung gerne nutzen.

Holz/Wurzeln

Mit Holz kann das Freigehege dekoriert bzw. strukturiert werden. Besonders Wurzeln lassen sich hervorragend dafür verwenden. Mit Ästen und kleinen Holzstämmen können Verstecke oder Wege gebaut werden.

In großen Schildkrötengehegen lassen sich große Baumstämme etc. sehr gut einbringen.

Diese Dekoration sorgt ebenso für eine Versteckmöglichkeit.

Holz im Gehege wirkt sehr natürlich.

Solche sehr großen Baumstämme sollten so platziert werden, dass sie nicht verrutschen können.

Neben den Versteckmöglichkeiten für die Schildkröten bietet Totholz wunderbare Lebensräume für Insekten oder andere Kleinstlebewesen.
Für Frühbeete oder Gewächshäuser bieten Korkhöhlen für die Tiere sehr gute Versteckplätze. Aber achten Sie in diesem Fall unbedingt darauf, dass diese (brennbaren) Materialien nicht direkt unter den Wärmelampen platziert werden.

Versteckpflanzen

Gehegepflanzen sind sehr wichtig und sorgen für gute Versteckmöglichkeiten.

Auch in diesem Bereich des Geheges finden die Tiere gute Deckung – und die entsprechenden Futterpflanzen ebenso.

Diese Pflanze liefert einen „lichten Schatten".

In Kapitel 10 „Pflanzen" stellen wir neben Futterpflanzen einige attraktive Gehegepflanzen vor. Solche Gehegepflanzen haben in einem Schildkrötengehege mehrere Aufgaben zu erfüllen. Sie bieten in heißen Sommermonaten Schatten- und Ruheplätze, sie dienen als Sichtschutz vor zu aufdringlichen Artgenossen sowie Prädatoren und geben dem Gehege Struktur.

In einem großen Gehege dürfen üppig wachsende Pflanzen (hier: Frauenmantel) nicht fehlen. Für ein Jungtiergehege wäre diese Pflanze wohl zu groß.

Malven, Stockrose und Hibiskus bieten aber nicht nur Versteckmöglichkeiten, sondern stellen den Tieren leckere Blüten für eine willkommene Abwechselung im Futterangebot bereit.

Für ein mediterranes Gehege eignen sich z. B. Lavendel, Thymian, Johanniskraut, Salbei und Rosmarin. Es sollte beim Kauf darauf geachtet werden, dass die jeweilige Art winterhart ist. Damit die Gehegepflanzen nicht überhandnehmen und das Gehege zu schattig wird, ist ein Ausdünnen in regelmäßigen Abständen empfehlenswert.

Futterstellen

Ein Selbstversorgungsgehege ist der Traum vieler Schildkrötenhalter. Bei juvenilen Landschildkröten ist das sehr gut umzusetzen. Doch je größer das Tier wird, desto mehr Gehegefläche wird benötigt. Schildkröten sind Weidegänger und fressen beim Durchwandern ihrer Habitate immer nur kleine Stücke einer Pflanze und gehen dann zur nächsten.

Griechische Landschildkröte auf Futtersuche im Gehege.

Die Bilder auf dieser Seite zeigen, dass man sogar mit Futterpflanzen eine gute „Struktur“ in das Gehege einbringen kann.

Eine große Auswahl an Futterpflanzen und dementsprechend viel Platz wäre nötig, damit sich die Tiere eigenständig versorgen können. Bei einem Selbstversorgungsgehege hätten die Pflanzen genügend Zeit sich zu erholen

Im Frühjahr ist der Untergrund häufig noch gut erkennbar. Wenige Wochen später überwuchern die Futterpflanzen den Boden.

und nachzuwachsen. Für ein adultes Tier werden ca. 10–25 m^2 Gehege benötigt, um dies umzusetzen. Bei z. B. fünf erwachsenen Tieren wären es dann schon 50–125 m^2 Freigehege.

Nicht für jeden Halter sind solche Gehegeflächen machbar. Daher muss oft zugefüttert werden. Damit die Tiere trotzdem ihren Weidentrieb ausleben können, sollten die gesammelten Wildkräuter nicht auf einem Platz angeboten werden. Sinnvoller ist es kleine Rationen überall im Gehege zu verteilen.

Eine Möglichkeit, zusätzlich frisches Futter anzubieten, ist das Anlegen einer Futterwiese. Hier wird, je nach verfügbarem Platz, ein Teil eines Geheges abgetrennt bzw. angebaut. In diesem Bereich werden verschiedene Futterpflanzen ausgesät oder angepflanzt, die so abgeteilt vom Gehege in Ruhe gedeihen. Haben die Futterpflanzen eine ausreichende Größe erreicht, wird nach Bedarf dieses Terrain für die Tiere einige Tage geöffnet. Danach wird die Futterwiese geschlossen, damit sich Pflanzen erholen und Keimlinge wachsen können.

Wasserstellen

Landschildkröten benötigen wie alle Lebewesen frisches Wasser. Wasserstellen sollten demzufolge jederzeit in einem Gehege für die Tiere frei zugänglich sein.

Seit Jahren bewährt haben sich Tonuntersetzer für Blumentöpfe. Für ein Freigehege mit mehreren Landschildkröten wird der Wassernapf so groß gewählt, dass das kleinste Tier ohne Probleme ein- und aussteigen und die größte Schildkröte vollständig darin baden kann.

Schildkröten trinken oft lange und tauchen dabei mit dem Kopf komplett unter Wasser. Das soll den Halter nicht verunsichern! Dabei setzen sie oft Kot oder Urate ab. Deshalb sollte die Schale ggf. mehrfach am Tag gereinigt werden.

Große Badeschalen werden in der Regel bloß vom Rand her genutzt. Das soll aber nicht bedeuten, dass eine sehr tiefe Badeschale bzw. ein Teich etc. unbedenklich ist.

Kleine Schildkröten sollten nur eine sehr flache Trink- bzw. Badeschale aufsuchen können. Der Ein- bzw. Ausstieg sollte möglichst gerade verlaufen.

Leider gab es in der Vergangenheit immer mal wieder tragische Unfälle, weil der Untersatz zu groß gewählt wurde und die Tiere beim Aussteigen auf den Rücken gefallen sind und die Wasserschale nicht mehr verlassen konnten. Wassernäpfe müssen deswegen eine raue Oberfläche für einen besseren Halt haben. Kleine Steine, im Napf platziert, geben zusätzliche Sicherheit.

Eine Alternative zu den Tonuntersetzern sind im Handel erhältliche Bachlaufschalen. Diese bekommt man in verschiedenen Größen und – passend zum Gehegegrund – in verschiedenen Farben. Manche sind praktischerweise mit einem Ablauf ausgestattet. Dazu wird einfach nur eine passende, mit Steinen aufgefüllte Sickergrube im Gehege angelegt und der Bachlauf mit Auslauf darüber platziert und befestigt.

Beim Trinken stecken manche Tiere den kompletten Kopf unter Wasser. *Foto: Bettina Thomas*

Genauso ist die Vorgehensweise, wenn sich handwerklich begabte Schildkrötenhalter eine Wasserstelle selbst bauen. Eine Drainage oder Sickergrube dient als Abfluss. Mit Fertigbeton und Dichtpulver wird die Form modelliert und das Ganze 24 Stunden aushärten lassen (vgl. Thomas o.J.; komplette Beschreibung auf https://www.landschildkroeten-hunsrueck.de/badeschale/)

Weitere „Wasserquellen" für Landschildkröten in ihren Primärhabitaten, an die viele Halter vielleicht gar nicht denken, sind das feuchtwarme Mikroklima in den Wärmeinseln und der morgendliche Tau. Die Tiere nehmen nicht nur durch das Trinken, sondern durch das Herumstreifen am Morgen durch die feuchte Vegetation das Wasser u. a. über die Haut auf (Wegehaupt 2013).

Versteckmöglichkeiten

Unabhängig davon, ob es sich um ein Gehege für Schlüpflinge oder für ausgewachsene Tiere handelt, sind Versteckmöglichkeiten sehr wichtig. Diese geben den Tieren Deckung vor Fressfeinden etc., Rückzugsmöglichkeiten

Ein nicht bewusst durch den Halter geplantes aber dennoch gern angenommenes Versteck.

Solche Firstziegel, Blumentöpfe etc. eignen sich ebenso als Versteck, bieten jedoch nicht immer die gewünschte Abkühlung.

Pflanzen sorgen für eine natürliche Rückzugsmöglichkeit.

vor anderen Schildkröten sowie wichtige Schattenplätze, die vor Überhitzung schützen. Dabei ist es im Grunde genommen egal, ob es sich in diesem Fall um Naturmaterialien (Pflanzen, Holz, Steine) oder um halbierte Tontöpfe (aber Achtung: ggf. Überhitzungsgefahr) etc. handelt.

Auffällig oft halten sich die Tiere in direkter Nähe zu Versteckmöglichkeiten auf. Das sollten wir bei der Einrichtung der Gehege berücksichtigen.

6.5 Eiablageplatz

Möchte der Halter züchten oder stellen sich seine Jungtiere später als Weibchen heraus, ist es immer sinnvoll, bei der Gehegegestaltung vorab einen Eiablageplatz mit einzuplanen. Geschlechtsreife Weibchen legen auch regelmäßig Eier, ohne dass ein Männchen mit im Gehege ist.

Eiablageplatz in der Natur

Im natürlichen Lebensraum suchen die Weibchen gezielt nach offenen, sonnendurchfluteten und feuchten Territorien für die Eiablage.

Hierfür nehmen die Weibchen zum Teil längere Wanderungen in Kauf, um zu den optimalen Gebieten zu gelangen (Wegehaupt 2013). Die thermisch günstigen Eiablageplätze können aber je nach Habitat unterschiedlich ausfallen. In kühleren Terrains werden warme, sonnige Stellen bevorzugt (oft in der Nähe wärmespeichernder Steine), während in trockenen, heißeren Regionen die Schildkröten eher kühle, schattige Plätze favorisieren.

Passende Plätze finden sich oft in der Nähe von Gewässern, in Senken am Fuß von Hügeln oder am Rande von Waldgebieten. Entscheidend für die Eiablage ist das feuchte Mikroklima im Gebiet.

Eiablage einer Griechischen Landschildkröte im Gehege. Das Tier hat dafür den errichteten Legehügel aufgesucht.

Manche Schildkröten legen ihre Eier gerne in die Nähe von (wärmeren) Steinen.

Die Weibchen prüfen mit der Nase Temperatur und Feuchtigkeit der Stellen und graben zum Teil Probelöcher. Der Untergrund muss gut grabfähig sein, aber nicht zu sandig, da sonst die Grube ineinander fällt. Stimmen alle Parameter überein, kommt es zur Eiablage.

Eiablageplatz im Freigehege

Plant man das Gehege von Anfang an mit einem Legehügel, sollte der Sonnenverlauf bzw. Schattenwurf am Tag mit berücksichtigt werden. Die Stellen mit der längsten Sonneneinstrahlung werden für trockene Plätze zur Thermoregulierung und für den Eiablageplatz gewählt.

Bei einem bestehenden Gehege wird der meist aufgesuchte trockene Platz der Tiere zu einem Legehügel umgebaut. Je eher ein Legehügel vorhanden ist,

Es kann jedoch immer vorkommen, dass sich die Tiere einen aus unserer Sicht nicht geeigneten Platz auswählen. Ist der Untergrund zu steinig etc., kann der Grabevorgang abgebrochen werden.

desto frühzeitiger werden sich die Tiere an den Platz gewöhnen. Der Legehügel sollte eine leichte Hangneigung haben, damit die Stelle sich dort optimal erwärmen kann. In der Senke sammelt sich nachts die kältere Luft, wird morgens erwärmt und erzeugt dadurch eine hohe Luftfeuchtigkeit, die für die Entwicklung der Eier sehr wichtig ist (siehe Kapitel 1 „Natur als Vorbild“). Um verschiedene Bedingungen anzubieten, sollte der Legehügel eine Höhe von ca. 50 cm und eine Länge von ca. 1–2 m haben (VINKE & VINKE 2004). Sie empfehlen, dem Hügel die Form einer gebogenen Banane zu geben. Die äußere längliche Seite wird dabei in Richtung Süden ausgerichtet. So haben die Weibchen die Auswahl, die Eigrube in den Hangbereichen östlich, südöstlich, südlich oder südwestlich anzulegen.

Der Untergrund muss gut grabfähig sein. Ist der Boden zu schwer, wird er mit Sand aufgewertet. Als Stütze und Begrenzung wird der Hügel mit Steinen gesichert.

Zu aufdringliche Tiere, die ggf. den Legevorgang stören, sollten kurzzeitig getrennt werden.

Selbst solche Stellen können von den Schildkröten ausgewählt werden, auch wenn zahlreiche andere bzw. aus unserer Sicht geeignetere Plätze vorhanden sind.

Die Steine speichern die Wärme und geben sie nachts an die Umgebung ab. Besonders in kälteren Regionen werden diese Plätze bei der Eiablage bevorzugt. In unserem Gehegen verwenden wir Schiefersteine/Bruchsteine zur Abgrenzung und Befestigung des Legehügels, da diese die Wärme sehr gut speichern. Unsere weiblichen Schildkröten nutzen diese freien Stellen nahe an den Steinen vorwiegend zur Eiablage.

Eine weitere interessante Möglichkeit Wärmespeicher im Gehege und speziell im Legehügel zu integrieren sind Basaltsäulen. Diese werden ca. 20 cm tief aufrecht stehend in das Substrat eingegraben. Die dunklen Säulen heizen sich schon frühmorgens auf und geben diese Wärme an die Umgebung und in die Erde ab. Die Weibchen haben so gleich morgens gut temperierte Legehügel (Bidmon 2006). Um schattige Plätze anzubieten eignen sich mediterrane Pflanzen wie Lavendel, Rosmarin, Salbei und Thymian. Aber auch andere kleinbleibende Büsche oder Sträucher können dafür verwendet werden. Damit der Legehügel nicht zuwuchert, empfiehlt es sich die Büsche regelmäßig zurückzuschneiden.

Ein noch so schön errichteter Legehügel ist aber keine Garantie, dass die Weibchen dort ihrer Eier vergraben. Steht die Eiablage kurz davor und die Wetterlage ist nicht günstig, werden die Eier dann gerne auch im geschützten Frühbeet oder Gewächshaus abgelegt. Aus diesem Grunde ist es ratsam, den Tieren einen zusätzlichen Legehügel im Frühbeet oder Gewächshaus anzubieten.

Steppenschildkröten legen ungern auf einem klassischen Legehügel, sondern suchen sich meist irgendwo eine Legestelle. Sie bevorzugen einen geschützten, der Vollsonne abgewandten Bereich unter einem Stein oder einer Pflanze (Fass 2013). Das Substrat sollte auf jeden Fall mit Sand aufgewertet werden.

6.6 Beobachtungsplätze für Halter

Was gibt es Schöneres als seinen „Panzerträgern" bei einer Tasse Kaffee genüsslich zuzusehen?

Je nach Größe des Geheges kann der Halter gemütlich von außen dem Treiben zusehen oder er baut sich seinen Beobachtungsplatz mitten ins Gehege. Ob Gartenbank, Strandkorb oder großer Findling als natürliche Sitzfläche – der Fantasie sind keine Grenzen gesetzt.

Große Findlinge im Gehege können dem Halter einen Beobachtungsplatz bieten.

VII Frühbeete und Gewächshäuser

Frühbeete lassen sich relativ gut in den Garten einbringen, da sie aufgrund der Größe nicht so störend wirken.

Da es in unseren Breitengraden besonders in den Übergangszeiten von Frühjahr zu Sommer und Herbst zu Winter für Europäische Landschildkröten zu kalt und nass ist, müssen wir den Tieren mit einem Frühbeet oder Gewächshaus (in fast allen Regionen zusätzlich mit Technik) die Möglichkeit geben, sich auf „Betriebstemperatur" zu bringen.

Große Gewächshäuser wirken dagegen schon sehr massiv. Diese im Bild grün lackierten Aluprofile kaschieren die Größe jedoch ein wenig.

Unser Ziel ist es die Aktivitätsphase der Tiere im Herbst zu verlängern. Ohne die Verwendung eines Frühbeetes oder Gewächshauses würden die Landschildkröten die Kältestarre früher beginnen und länger halten, als ihre Artgenossen in den Ursprungshabitaten.

Auch die tägliche Aktivitätsphase wird damit wesentlich verlängert. Die ersten Sonnenstrahlen erwärmen gleich morgens das Frühbeet/Gewächshaus und am Nachmittag, wenn die Temperaturen wieder fallen, ist es innen für die Thermoregulierung noch angenehm warm und trocken.

Obendrein bietet ein Frühbeet oder Gewächshaus nachts Schutz vor Prädatoren, die sich nicht nur in ländlichen Gegenden gerne im Garten aufhalten.

7.1 Gewächshaus oder Frühbeet?

Ob es nun ein Frühbeet beziehungsweise Gewächshaus sein soll, hängt von folgenden Faktoren ab:

- **finanzielle Mittel:** Im Kapitel 2 „Vorabüberlegung“ haben wir grob eine Kostenauflistung zusammengestellt. Für ein vernünftiges Frühbeet muss der Halter schon etwas tiefer in die Tasche greifen. Für ein Gewächshaus dementsprechend noch mehr.
- **handwerkliches Geschick:** Wer handwerklich etwas begabt ist, kann sich an einen Selbstbau wagen.

Vorteile Selbstbau:

- Kosteneinsparung (aber nicht zwingend!)
- Die Größe darf selbst bestimmt werden
- Das Design ist individuell
- Das Frühbeet/Gewächshaus ist dem Grundstück und dem Verwendungszweck anpassbar

Nachteile Selbstbau:

- Bei Eigenkonstruktionen können im Nachhinein Mängel auftreten, die bei einem Fertigbausatz nicht vorkommen (jahrelange Erfahrungen der Hersteller). Die Hersteller bieten zum Teil lange Garantiezeiten auf Stegplatten und Konstruktionsteile
- hoher zeitlicher Aufwand für Planung und Bau

- **Anzahl und Alter der Tiere:** Wer nur ein oder zwei Landschildkröten hält oder halten möchte, ist mit einem Frühbeet gut beraten. Bei mehreren Tieren, die sich bei schlechtem Wetter unter der wärmenden „Sonne" aufhalten, kann ein Gewächshaus vorteilhafter sein.
- **Größe des Geheges bzw. des eigenen Gartens:** Hier spielt die Optik obendrein eine Rolle. Bei einer Gehegegröße von 10 m² sieht ein Gewächshaus mit 4 m² Grundfläche vielleicht dann doch etwas zu voluminös aus.
- **gesetzliche Regelungen:** Wie schon im Kapitel 2 erwähnt, müssen beim Bau eines größeren Gebäudes die rechtlichen Bestimmungen des jeweiligen Bundeslandes beachtet werden (z. B. umbauter Raum).

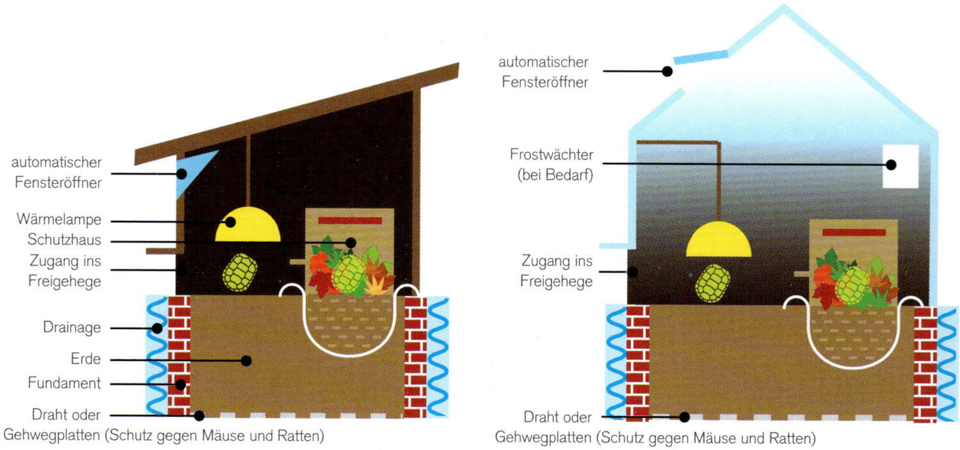

Frühbeet und Gewächshaus in der schematischen Darstellung.

Frühbeet inkl. Schutzhaus aus Holz.

In diesem Gewächshaus werden zudem Futterpflanzen vorgezogen bzw. kultiviert. So kann solch ein für Schildkröten genutztes Gewächshaus weiteren Zwecken dienen.

Ein grundsätzlicher Vorteil eines Gewächshauses ist die Größe. Der Halter kann in einem Gewächshaus die anfallenden Arbeiten besser ausführen. Für die Technik ist wesentlich mehr Platz vorhanden. So können einige Wärmelampen in Reihe geschaltet werden, um die notwendige Temperatur schneller zu erreichen und länger zu halten.

Aufgrund der Ausmaße haben die Tiere bei nasskaltem Wetter im Gewächshaus einen größeren Bewegungsraum. Bei einer guten Strukturierung können sich die Schildkröten sogar aus dem Weg gehen. Bei großflächigeren Gewächshäusern ist zur Not der Innenraum durch Trennwände in einzelne Gehege abtrennbar. Dies kann erforderlich werden, wenn bei gemischten Gruppen die Männchen die Weibchen zu sehr bedrängen.

Viele im Handel angebotenen Gewächshäuser bieten als Zubehör Tische bzw. Regale an. So hat der Schildkrötenhalter die Möglichkeit darin Futterpflanzen etc. vorzuziehen, die anschließend ins Freigehege gepflanzt werden.

Ein weiterer positiver Aspekt ist das größere Luftvolumen im Gewächshaus, was für eine kontinuierlichere Temperatur sorgt.

Als Nachteile wären die höheren Ausgaben für die Anschaffung gegenüber einem Frühbeet und die steigenden laufenden Kosten für das Heizen des größeren Innenraumes zu nennen.
Ein Frühbeet ist in der Anschaffung und in den monatlichen Fixkosten günstiger als ein Gewächshaus. Durch das deutlich kleinere Luftvolumen im Inneren heizt sich ein Frühbeet schneller auf. Die warme Luft bleibt, höhenbedingt, dabei eher auf Bodennähe bei den Tieren.
Bei einem Frühbeet kann durch das Abheben des Deckels der Innenraum bei Sonnenwetter zu einem „Freigehege“ umfunktioniert werden. So gelangen die wichtigen UV-B Strahlen ungehindert zu den Tieren. Sehr wichtig bei Schlüpflingen, die in den ersten Jahren versteckt leben. Aber Achtung: Ist solch ein Frühbeet komplett geöffnet, sollte man das Wetter bzw. den Regen gut im Auge behalten (Kurzschluss der Elektrik etc.).
Im Übrigen fügt sich ein kleines Frühbeet ansprechender in ein Freigehege ein und fällt nicht direkt als störendes Bauelement auf (aber das ist dann mehr Geschmackssache jedes einzelnen Halters).

Was die aufgeführten Vorteile für das Gewächshaus sind, sind dementsprechend die Nachteile des Frühbeetes. Das Arbeiten fällt schwerer durch das ständige Bücken. Die Technik ist schwieriger anzubringen. Wichtig und arbeitserleichternd ist der Bau eines Sockels. Dadurch gewinnt das Frühbeet an Höhe und der Halter kann so bequemer am und im Frühbeet arbeiten. Des Weiteren sind mit einem Unterbau die Wärmelampen besser montierbar bzw. ist die Höhe leichter einstellbar.

Mittlerweile bieten viele Hersteller von speziellen Schildkrötenhäusern in Frühbeetgröße einen passenden Unterbau an. Idealerweise besteht dieser Sockel aus undurchsichtigen Materialien (milchig eingefärbte Stegplatten etc.), damit die Tiere diesen Sockel als Hindernis erkennen und nicht ständig daran entlanglaufen. Der Sockel besitzt zudem eine kleine Tür, die einfach und sicher verschlossen werden kann. Bei handelsüblichen Frühbeeten für den Gartenbedarf fehlt solch ein Unterbau und ebenso die Möglichkeit für die Tiere vom Frühbeet in das angrenzende Freigehege zu gelangen. Deswegen sollte der Halter einen Sockel bauen und das Frühbeet darauf mit Schrauben befestigen. Als Material für den Sockel dienen beispielsweise Mauersteine, Ytong-Steine oder auch Siebdruckplatten. Hier sind dem Halter kaum Grenzen gesetzt. Gleichwohl haben Steine den Vorteil, dass sich diese aufwärmen und die Wärme abends langsam abgeben, sodass nachts immer eine Grundwärme vorhanden ist.

Dieses Frühbeet besitzt ab Werk einen blickdichten Sockel (inkl. verschließbarer Tür sowie Lamellenvorhang).

Bei diesem Frühbeet ist weder ein Unterbau noch eine Tür vorhanden. Daher wurde durch den Halter ein massiver Sockel inkl. verschließbarem Zugang ins Außengehege erstellt.
Foto: Melanie Schiebel

Die Höhe des Unterbaus sollte gut geplant werden. Zum einen muss der Sockel so hoch sein, dass später die entsprechenden Wärmelampen im Frühbeet installiert werden können. Die Gesamthöhe (also Höhe des Sockels plus Höhe des Frühbeets) sollte daher ca. 50-70 cm betragen. Je größer die Höhe jedoch ist, desto schwieriger gelangt der Halter jedoch in den Innenraum bzw. Boden des Frühbeets. Ist die Höhe des Frühbeets hingegen zu niedrig, ist der

Halter gezwungen einen höheren Sockel zu errichten, was jedoch einen ggf. stärkeren Schattenwurf im Innenraum des Frühbeets zur Folge hat.

Der Eingang (im Frühbeet oder Gewächshaus bzw. im Sockel) sollte so dimensioniert werden, dass die Schildkröten bequem herauskommen. In der Regel sind die Maße 25x20 cm ausreichend (je nach gepflegter Schildkrötenart). Auf der anderen Seite sollte kein großes „Scheunentor“ entstehen, welches sich vor allem im Frühjahr und im Herbst negativ auf die Temperaturen im Innenraum auswirkt. Daher sollte man ggf. einen PVC-Lamellenvorhang vorsehen. Der Handel bietet diese fertig zur Montage an. Andernfalls kann sich der Halter PVC-Streifen selbst aus einer Rollenware zurechtschneiden und überlappend an einer Metallschiene etc. befestigen. Wichtig beim Eingang ist auf jeden Fall auch die Möglichkeit des sicheren Verschließens, um die Schildkröten zumindest nachts vor Fressfeinden zu schützen. Auch hier wird deutlich, dass die komplette Installation bzw. der Übergang vom Sockel zum Frühbeet absolut fest und sicher verbaut werden muss, damit keine anderen Tiere darin eindringen können. Auch unter dem Sockel muss gewährleistet sein, dass durch Gehwegplatten, Lochblech oder Draht keine ungewünschten Tiere in das Frühbeet eindringen können.

Verriegelbarer Eingang, der im Sockel des Frühbeets integriert ist (vgl. oberes Foto auf der vorherigen Seite).

Auch einfache Möglichkeiten einer Tür o. ä. sind geeignet, wenn sie sicher und gut verriegelbar sind.

In diesem selbst gebauten Frühbeet wurde in der unteren Reihe ein Stück PVC Hohlkammer-Paneele weggelassen. Anschließend wurde eine Pendelltür eingebaut, die von innen mit einem Riegel verschließbar ist.

Der Sockel für dieses Frühbeet wurde mit Rundpalisaden-Randsteinen aus Beton gebaut. In der Aussparung sitzen Metall-Schienen, in der ein Blech als Tür eingelassen ist. Der automatische Öffner (automatische Hühnerklappe bzw. elektrische Hühnertüroffner) sorgt für das morgentliche Öffnen bzw. abendliche Verschließen des Frühbeets.
Foto: Heike Schwarz

Nachträglich eingebaute Öffnung in ein gewöhnliches Gewächshaus. Die Schildkröten sehen die durchsichtigen Platten des Gewächshauses jedoch nicht immer als Hindernis an und laufen daher recht häufig im Innern daran, welches u. a. zu einem Zerkratzen des Materials führt.

Blickdichter Sockel aus Betonsteinen. Der „umgekippte" Sockel ist in diesem Beispiel für Jungtiere der Zugang ins Außengehege. Größere Tiere würden nicht mehr hindurchpassen; daher läßt man ein Betonstein weg. In beiden Fällen muss eine verschließbare Tür angebracht werden.

Durch das geringere Luftvolumen besteht die Gefahr, dass beim Öffnen des Deckels die komplette warme Luft entweicht. Um zu vermeiden, dass durch den Ausgang im Sockel dabei Zugluft entsteht, sollte wie bereits erwähnt ein transparenter PVC-Lamellenvorhang an der Öffnung befestigt werden.
Dadurch, dass sich Frühbeete schneller aufheizen, besteht tatsächlich das Risiko der Überhitzung. Automatische Fensterheber sind dabei überlebenswichtig für die Tiere (siehe Kapitel 8 „Technik"). Besonders Schlüpflinge sind aufgrund ihrer geringeren Körpermasse gefährdet.
An ausgesprochen heißen Tagen („Rekordsommer") reicht oft nicht das Öffnen des Deckels bzw. der Fenster durch einen automatischen Fensteröffner für eine Abkühlung aus. Hier müssen Schattierungsmöglichkeiten geschaffen werden. So dienen einfache Bettlaken oder aufgespannte Sonnenschirme für Schatten und somit für kühlere Temperaturen. Im Handel erhältliche Schilfmatten, Schattiernetze, Rollos oder Sonnensegel werden ebenso als Schattenspender (auch bei Gewächshäusern) eingesetzt.

Die Hersteller bieten Frühbeete als Pult- oder Satteldach Ausführung an. Dabei ist das Pultdach bei Schildkrötenhaltern die bevorzugte Variante. Das Satteldach umfasst immer zwei Scheiben. Diese Frühbeetausführung hat zwar bessere Befestigungsmöglichkeiten für die Hängelampen an der Mittelstege, allerdings hindert genau diese Mittelstege beim Hantieren im Inneren.
Bei einem Pultdach, das nur aus einem Scheibenelement besteht, hat der Halter wesentlich mehr Platz zum Herumwerkeln. Der Deckel, der an der höheren Rückseite mit einem Scharnier befestigt ist, wird zum Arbeiten einfach umgeklappt. Die abgeschrägte Deckelfläche des Pultdaches hat gegenüber dem Satteldach den weiteren Vorteil, dass dieses nach dem Sonneneinfall ausgerichtet werden kann. Beim Satteldach ist bei einem niedrigen Sonnenstand immer eine Hälfte des Daches der Sonne abgewandt.

Günstige Frühbeet für den üblichen Gartengebrauch sind für unsere Schildkrötenhaltung nicht geeignet. Die Materialstärke dieser für ca. € 30 angebotenen Frühbeete beträgt oftmals nur wenige Millimeter und ist deswegen nicht für unsere Schildkröten zu empfehlen. Die Verarbeitung der Eckverbinder ist nicht dafür konzipiert Schildkrötenpanzer standzuhalten.

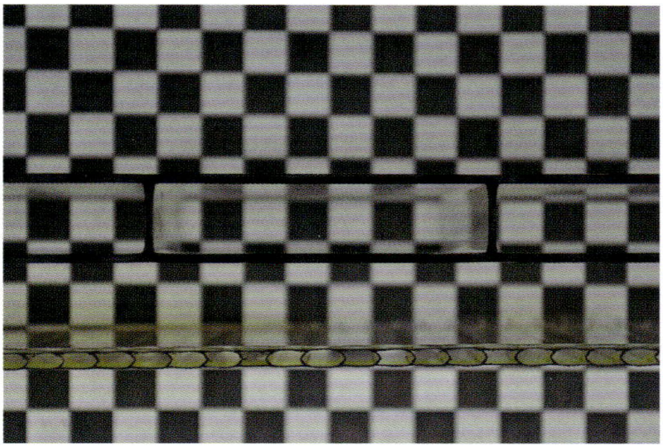

4 mm Stegplatte und 16 mm Alltop im Vergleich. Zur besseren Darstellung wurden die Schnittkanten mit einem schwarzen Stift markiert. Das Karopapier als Unterlage sorgt für den entsprechenden Maßstab (1 Kästchen entspricht 1 cm).

7.2 Material

Frühbeete, Gewächshäuser oder selbstgebaute Schildkrötenhäuser können aus verschiedenen Werkstoffen bestehen bzw. gebaut werden. Bevor wir zur Beschreibung der einzelnen Materialien kommen, wollen wir uns mit zwei wichtigen Begriffen auseinandersetzen, die bei der Auswahl der Materialien mit berücksichtigt werden sollten:

7.2.1 Wärmedurchgangskoeffizient

Was ist der Wärmedurchgangskoeffizient? Und warum ist dieser so wichtig? Hochwertige Frühbeete haben meist Doppelstegplatten mit einer Stärke von 16 mm und resultierend daraus einen hohen Dämmwert.

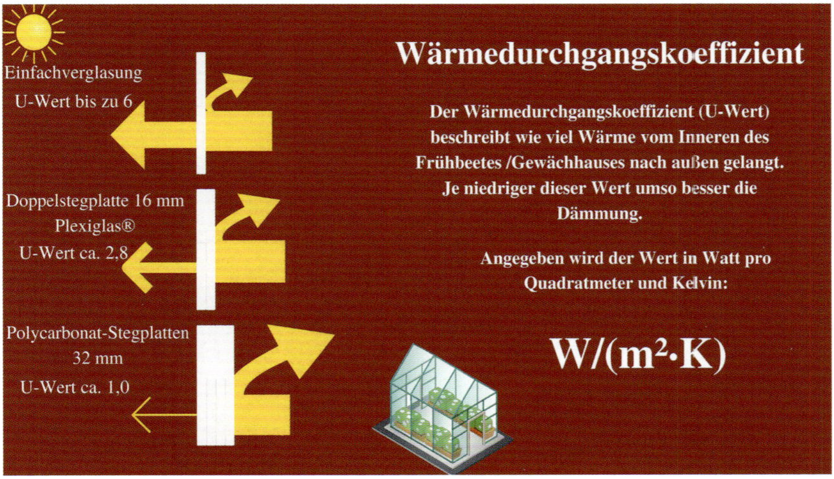

Im Umkehrschluss heißt das: Ein Frühbeet mit nur 4 mm Doppelstegplatten hat einen sehr geringen Dämmwert.
Der Wärmedurchgangskoeffizient (U-Wert) ist die Messgröße für die Dämmeigenschaft eines Bauteils. Diese Kennzahl gibt den Wärmestrom an, die in einer Zeiteinheit durch einen Quadratmeter einer Stegplatte (oder eines anderen Bauteils) bei einem Temperaturunterschied von 1 °C (1 K) von innen nach außen hindurchgeht.
Oder einfach ausgedrückt:
Je höher dieser Wert, desto schlechter die Dämmwirkung.
Angegeben wird der Wert in Watt pro Quadratmeter und Kelvin: $W/(m^2 \cdot K)$

7.2.2 Lichtdurchlässigkeit

Die Lichtdurchlässigkeit ist ebenso ein wichtiges Kriterium bei der Auswahl des geeigneten Materials. Der Begriff beschreibt die direkt durchgelassenen, sichtbaren Strahlungsmengen im Bereich der Wellenlänge des sichtbaren Lichts (380–780 nm) bezogen auf die Hellempfindlichkeit des menschlichen Auges.
Diese Kennzahl wird in % angegeben und verringert sich, je dicker das Material wird.
Als absolute Bezugsgröße von 100 % kann z. B. eine nicht verglaste Maueröffnung bezeichnet werden. Einfache verglaste Fenster (4 mm) haben einen Wert von ca. 90 % Lichtdurchlässigkeit. Hochwertige Alltop-Doppelstegplatten liegen bei ca. 91 % Lichtdurchlässigkeit und bei einem guten Dämmwert von ca. 2,4.

7.2.3 Echtglas

Frühbeete bzw. Gewächshäuser aus Echtglas sind heutzutage deutlich seltener im Garten anzutreffen. Einfach verglaste Gewächshäuser (ca. 3 mm) haben zwar eine hohe Lichtdurchlässigkeit aber einen sehr schlechten Dämmwert. Die in den Fünfzigerjahren eingesetzten Einfachverglasungen im Hausbau hatten

einen U-Wert von 6,0 oder sogar mehr. Ein Gewächshaus mit Isolierglas wäre hingegen deutlich zu teuer und zu schwer.
Alternativ besteht die Möglichkeit des Eigenbaus. Dort lassen sich doppelverglaste Fensterscheiben verwenden. So lässt sich ein Schildkrötenhaus selbst errichten, ggf. ausrangierte bzw. gebrauchte Isolierfenster finden hierfür Verwendung. Auf diese Weise entsteht ein sehr gut isoliertes und günstiges Schildkrötenhaus mit einer hohen Lichtdurchlässigkeit. Wer handwerklich etwas begabt ist, kann daher mit geringen finanziellen Mitteln ein hochwertiges Haus für seine Schildkröten bauen.

7.2.4 Hohlkammerplatten (Stegplatten)

Gewächshäuser oder Frühbeete werden heutzutage aus robusten Hohlkammerplatten hergestellt. Diese Stegplatten bestehen aus mindestens zwei Kunststoffplatten, die über Stege miteinander verbunden sind. Je nach Ausführung bzw. der Anzahl von übereinander liegenden Platten spricht man von Doppel- oder Dreifachstegplatten usw. Je höher diese Stege sind, desto mehr Wärmeisolierung entsteht in den befindlichen Hohlkammern. Die Lichtdurchlässigkeit von Stegplatten ist zum einen von der Anzahl der übereinanderliegenden Platten und zum anderen vom Abstand der Stege abhängig.
So beträgt der Stegabstand von Alltop-Doppelstegplatten 64 mm und hat somit eine gesteigerte Lichtdurchlässigkeit (ca. 91 %) gegenüber herkömmlichen Doppelstegplatten (ca. 85 %).

7.2.4.1 Acrylglas

Acrylglas besticht durch seine hohe Lichtdurchlässigkeit. Aufgrund der Materialstruktur von Acrylaten (Polymethylmethacrylat PMMA) sind die Stegabstände größer als bei Hohlkammerplatten aus Polycarbonat, wodurch das Licht ähnlich durchgelassen wird wie bei herkömmlichen Glasscheiben.
Stegplatten aus Acryl sind sehr stabil und besonders belastbar. Hochwertige Acrylplatten sind darüber hinaus bruch- und hagelfest.

Hohe Witterungs- und Hitzebeständigkeit macht dieses Material für Frühbeete und Gewächshäuser so beliebt. Auch unerwünschte Verfärbungen und Vergilbungen kommen so gut wie nicht vor.

PLEXIGLAS® Alltop

U-Wert: 2,5 W/m²K

Lichtdurchlässigkeit: ca. 91%

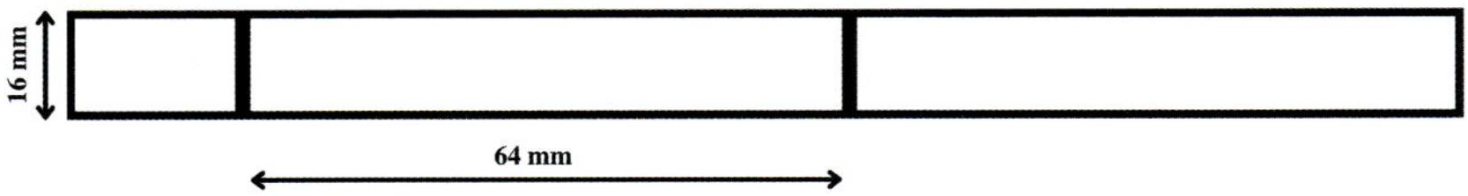

Plexiglas

PLEXIGLAS® ist der bekannteste Handelsname für Acrylglas. Es ist allerdings nur eine Art von Acryl und bezeichnet den eingetragenen Markennamen der Evonik Röhm GmbH.
Weitere Markennamen sind: Highlux®, Altglas®, Perspex®, Hesaglas®, Oroglas®, Piacryl®, Friacryl®, Limacryl®, Perclax® und Vitroflex®.
Die Merkmale unterscheiden sich zwischen den Fabrikaten nur geringfügig. Grundsätzlich haben Acrylelemente aber unabhängig vom Hersteller immer dieselben Eigenschaften.

7.2.4.2 Polycarbonat (PC)

Bekannt unter dem Markennamen MAKROLON® von Bayer sind Hohlkammerplatten aus Polycarbonat aufgrund ihrer Belastbarkeit, langer Lebensdauer, der leichten Verarbeitung und dem günstigen Preis sehr gefragt.
Diese Platten verfügen über eine hohe Biegsamkeit, was die Weiterverarbeitung, besonders bei individuell gebauten Frühbeeten oder Gewächshäuser, erleichtert. Zwar besitzt dieses Material nicht die hohe Lichtdurchlässigkeit wie Acryl, lässt aber je nach Ausführung immer noch bis zu ca. 85 % Tageslicht hindurch.
Darüber hinaus ist Polycarbonat im Vergleich zu Acrylplatten wesentlich schlagzäher, bruchsicherer und dadurch praktisch unzerbrechlich.

Auswahl verschiedener Materialien

Material	Stärke	UV-durchlässig	Lichtdurch-lässigkeit ca.-Angabe	U-Wert ca.-Angabe
Echtglas	4 mm	Nein	91%	5,8 W/m²K
Polycarbonat Doppelstegplatten MARLON® ST Longlife	4 mm	Nein	85%	3,9 W/m²k
Polycarbonat Doppelstegplatten MARLON® ST Longlife	8 mm	Nein	82%	3,3 W/m²k
Polycarbonat Doppelstegplatten MARLON® ST Longlife	10 mm	Nein	82%	3,1 W/m²k
Polycarbonat Doppelstegplatten MARLON® ST Longlife	16 mm	Nein	77 %	2,4 W/m²k
Acrylglas Doppelstegplatten HIGHLUX®	16 mm	Nein	84 %	2,7 W/m²k
Polycarbonat Stegplatten MAKROLON®	25 mm	Nein	49 %	1,4 W/m²k
Acrylglas Doppelstegplatten PLEXIGLAS® Alltop	16 mm	Ja	91 %	2,5 W/m²k

Quellen: https://stegplattenversand.de/
https://www.plexiglas.de/

7.3 Frühbeet und Gewächshaus „Marke Eigenbau“

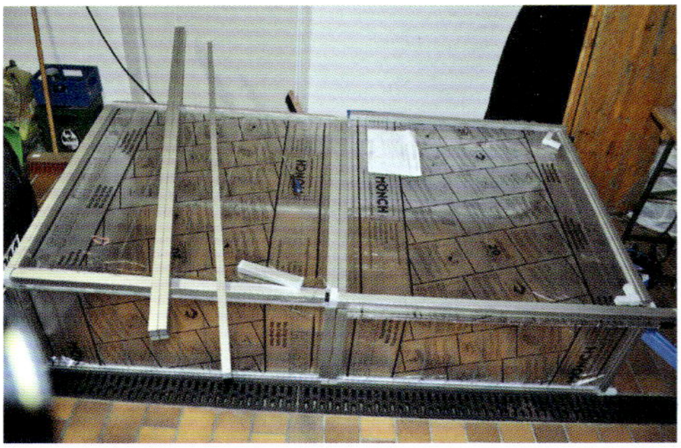

Selbstgebautes und robustes Frühbeet mit Acrylglas.

Die Konstruktion wurde mit Dachlatten gebaut und anschließend mit PVC Hohlkammer-Paneelen verkleidet.

Massives, geräumiges und helles Schildkrötenhaus.

Die Heimwerker unter den Schildkrötenhaltern passen sich das Schutzhaus den eigenen Gegebenheiten (Standort, Erscheinungsbild) und Wünschen (Größe, weitere Nutzung) an und bauen sich ein Schildkrötenhaus oft selbst. Vorteile sind Kosteneinsparungen (nicht immer zwangsläufig), ein harmonisches

Gesamtbild des Gartens, hebt sich von der Masse ab und kann später eventuell einfach erweitert werden.
Für den Bau eines eigenen Frühbeets in der Größe 2x2 m fallen folgende Kosten an:

Kosten für ein Streifenfundament:	ca. 300 EUR
Polycarbonat Doppelstegplatten 16 mm	ca. 400 EUR
Grundgerüst aus Holz (z. B. Lärche)	ca. 150 EUR
Kleinteile (Abstandshalter, Schwerlastwinkel)	ca. 50 EUR

Alternativ zu solch einer Konstruktion sei nochmals auf ein gemauertes und mit doppelisolierten Glasfenstern versehenes Schutzhaus hingewiesen. So kann der handwerklich begabte Halter einiges an Kosten sparen, vor allem wenn er die Fenster gebraucht günstig erwerben kann. So belaufen sich die reinen Materialkosten auf wenige 100 Euro (vgl. KIEFER o.J.).

Ein selbstgebautes Frühbeet kann nochmal um einiges günstiger werden. Statt das Frühbeet vollständig mit hochwertigeren Stegplatten auszurüsten, wird der Sockel komplett gemauert und nur der Deckel mit Stegplatten bestückt. Dabei darf aber nicht vergessen werden, dass das Innere des Frühbeets bei geringer Grundfläche ggf. sehr dunkel wird. Von daher sind solche gemauerten Sockel eher bei größeren Frühbeeten ratsam.

7.4 Innenausstattung (Technik), Substrat, Klimazonen und Bepflanzung

Hat man sich für eine Variante entschieden, geht es darum die Unterkunft schildkrötengerecht einzurichten.
Wichtig in erster Linie ist die Technik; Gewächshäuser benötigen mehr an Wärmelampen und Heizung als ein kleines Frühbeet (siehe Kapitel 8 „Technik“).

Folgende Technik ist aber bei beiden Varianten Grundvoraussetzung:

- Wärmelampen
- Temperaturregler
- Heizung für Übergangszeiten bzw. für eine eventuelle Überwinterung im Frühbeet/Gewächshaus (Heizkabel, Heizmatte, Frostwächter etc.)
- automatischer Fensterheber
- Kontrolle (z.B. Datenlogger, Funkthermometer, Überwachungskamera); zwar keine Grundvoraussetzung, aber eine schöne technische „Spielerei", die praktisch ist jedoch nicht unbedingt erforderlich ist.

Blick in einen Teil des Frühbeetes.

Dieses Gewächshaus wurde für die Haltung von Landschildkröten eingerichtet.

Als Substrat für das Schildkrötenhaus wird Gartenerde genommen. In Gegenden mit sehr viel Lehmanteil ist es sinnvoll, dieses mit Sand zu mischen, um es grabfähiger bzw. wasserdurchlässiger zu gestalten. Als Alternative hat

sich das spezielle Schildkrötensubstrat von der Firma Floragard bewährt. Dieses zu 100 % natürliche und düngefreie Substrat hat eine gute Feuchtigkeitsaufnahme und ist gut zum Graben geeignet.
In ländlicheren Gegenden ist das „schwarze Gold" bei Schildkrötenhaltern eine sehr begehrte Schildkröten-Erde. Schon seit Beginn unserer Haltung „ernten" wir im Frühjahr und Herbst die Erde von Maulwurfshügeln. Während der Nachbar sich über die Arbeiten des Maulwurfes in seinem Garten ärgert, sind wir froh über jeden Hügel auf unserem Grundstück. Denn diese sehr lockere Muttererde ist nicht nur frei von Steinen und sonstigem groben Material, sondern sie zeigt auch, dass der Boden im heimischen Garten gesund ist. Maulwurferde eignet sich somit hervorragend für den Einsatz im Frühbeet bzw. Gewächshaus und in der Überwinterungsgrube.
Als weiteres Substrat im Schutzhaus findet Sphagnummoos Verwendung. Sphagnummoos hat die Besonderheit Feuchtigkeit sehr gut aufzunehmen und diese an den Raum wieder abzugeben. Es wird daher häufig in Frühbeeten oder Schutzhäuser im Gewächshaus eingesetzt, um die Luftfeuchtigkeit zu erhöhen. Ein Nebeneffekt durch den Einsatz von Sphagnummoos: Errichten von verschiedenen Klimazonen in den Schutzhäusern.

Klimazonen sind in einem kleinen Frühbeet schwieriger zu realisieren als in einem großen Gewächshaus. Die Tiere müssen neben einer Wärmequelle die Möglichkeiten haben, zur Thermoregulierung kühlere Plätze aufsuchen zu können.

Moos aus dem eigenen Garten kann gerne für Versteckplätze verwendet werden. Alternativ bietet der Handel Sphagnummoos an.

Mit Versteckplätzen (Korkhöhlen etc.), ausreichenden Trinkplätzen und einer Bepflanzung von frostharten Pflanzen können unterschiedliche Klimazonen angelegt werden.

Damit winterharte Gewächse im Frühbeet/Gewächshaus gedeihen und für eine ausreichende Luftfeuchtigkeit sorgen, ist neben der Auswahl eine anständige Bewässerung von Bedeutsamkeit. Das Problem eines Gewächshauses oder Frühbeet ist oft, dass es im Inneren zu trocken ist. Vor allem Schlüpflinge, die anfangs sehr versteckt leben, benötigen für das gleichmäßige Wachstum des Panzers ein feuchtwarmes Mikroklima.

Winterharte, mediterrane Kräuter vermitteln ein Flair eines natürlichen Habitats, kommen mit wenig Wasser aus und erhöhen die Luftfeuchtigkeit. Hierzu gehören:

- verschiedene Lavendelarten
- unterschiedliche Thymianarten
- Rosmarin
- Basilikum
- Ziergräser etc.

Rosmarin im Frühbeet

Bei diesen „wassersparsamen“ Pflanzen ist es nicht dramatisch, wenn das morgendlichen Gießen mal vergessen wird. Wer aber generell etwas weniger Zeit zum Wässern hat, kann sich mit verschiedenen Bewässerungssystemen, die der Handel anbietet, aushelfen. Von einem einfachen Wasserspeicher aus Kunststoff bis hin zu vollautomatischen Selbstbewässerungssystemen ist alles erhältlich.
Wer dafür kein Geld ausgeben möchte, kann mit einer handelsüblichen PET-Flasche selbst schnell etwas basteln. Dabei werden zwei oder drei Löcher in den Deckel gestochen, die Unterseite wird zu 3/4 aufgeschnitten und dann kopfüber in den Blumentopf bzw. in den Boden in die Nähe der Pflanze gesteckt. Durch den angeschnittenen Unterboden kann Wasser eingefüllt werden, das jetzt langsam durch die Löcher im Verschluss in das Erdreich tropft.

Wichtig zu wissen: Viele Pflanzen nehmen in einem kleinen Frühbeet auch viel Platz weg, den die Tiere gebrauchen können. Die Auswahl bzw. die Anzahl der Pflanzen muss immer angemessen sein.

Halter von Steppenschildkröten sollten der Feuchtigkeit bzw. der benötigten Trockenheit besondere Aufmerksamkeit schenken. Auch für Schlüpflinge der Steppenschildkröten gilt, dass sie das feuchte Klima durch Sphagnummoos oder Pflanzen nur bedingt vertragen.

7.5 Bau einer Überwinterungsgrube

Die Winterstarre ist für Europäische Landschildkröten ein alljährlich wiederkehrender und notwendiger biologischer Vorgang. Landschildkröten sind, wie bereits ausgeführt, wechselwarme Tiere und reduzieren demzufolge bei sinkenden Temperaturen die Körperfunktionen und bereiten sich im Spätsommer auf die Kältestarre vor. Bei gleichbleibenden, niedrigen Temperaturen haben die Tiere die Nahrungsaufnahme komplett eingestellt und den Stoffwechsel auf ein Minimum herabgesetzt (mehr zum Thema Winterstarre: *Thorsten Geier, Winterstarre bei Europäischen Landschildkröten: Naturnahe Vorbereitung und erfolgreiche Überwinterung. Ratgeber zur Haltung Europäischer Landschildkröten, Band 1 (2. Auflage) 2017).*

Dabei graben sich die Schildkröten oft in die Erde des Schutzhauses (im Frühbeet oder Gewächshaus) ein. So überdauern sie die nächsten Monate bis im Frühjahr die ersten warmen Sonnenstrahlen die Temperaturen im Frühbeet oder Gewächshaus bzw. in den Schutzhäusern ansteigen und die Tiere erwachen lassen.
Die Hibernation in einer eingebetteten Überwinterungsgrube (im Frühbeet oder Gewächshaus) ist unserer Meinung nach die natürlichste Art der Überwinterung. Diese können wir jedem Schildkrötenhalter (oder zukünftigen Halter) empfehlen.
Die Tiere bleiben in ihrer gewohnten Umgebung und erwachen auch in dieser. Temperaturschwankungen sind moderat und kommen in ihren Ursprungshabitaten ebenso vor. Ein kurzer Wärmeeinbruch wird von den Tieren kaum bemerkt, da es doch eine Zeitlang dauert, bis die Temperaturen im Boden bei den Schildkröten ankommen.

Es kann allerdings vorkommen, dass Tiere bei längeren Wärmeperioden aktiv werden und sich sonnen, sie ziehen sich aber wieder zurück, sobald es kälter wird. Dies sind alles natürliche Vorgänge wie sie in ihren natürlichen Lebensräumen auch vorkommen und daher favorisieren wir diese Art der Überwinterungsmethode bei unseren Europäischen Landschildkröten.
Für die Überwinterungsgrube wird ca. 60 cm Boden ausgehoben. Erfahrungen und Berichte anderer Schildkrötenhalter haben gezeigt, dass Europäische Landschildkröten selten tiefer als 60 cm graben (Ausnahme sind die grabfreudigen Steppenschildkröten *Agrionemys horsfieldii*). Frost gelangt in diesen Tiefen im Frühbeet/Gewächshaus nicht hinein. Der Boden wird anschließend für eine bessere Drainage mit Schotter bzw. Split ausgelegt.

Die drei Fotos auf dieser Doppelseite dokumentieren die Entstehung einer Überwinterungsgrube im Schildkrötenhaus.

Nachdem die Erde ausgeschachtet wurde, werden Gewegplatten ausgelegt bzw. an die Seiten gesetzt.

Als Schutz vor Fressfeinden von unten haben wir auf diese Schotterschicht Gehwegplatten gelegt. Die Seitenwände wurden mit weiteren Gehwegplatten stabilisiert und dienen als zusätzliche Sicherheit vor Prädatoren. Die Grube wurde dann komplett mit Erde aufgefüllt (Maulwurferde) und abschließend mit einem Schutzhaus versehen. Dieses Schutzhaus hat zwei Ein-/Ausgänge und einen aufklappbaren Deckel. An den Seitenwänden wurde ein Heizkabel befestigt, das über eine Thermozeitschaltuhr geschaltet wird (siehe Kapitel 8 „Technik"). Fällt die Temperatur im Schutzhaus (in der Erde bei den überwinterten Tieren) unter 3°C, schaltet der Temperaturregler das Heizkabel an.

Selbst bei klirrender Kälte mit Temperaturen von -15 °C waren es in der Grube noch „angenehme" 3 °C. Die Temperaturen werden dabei bei dem Tier gemessen, das am nächsten an der Oberfläche liegt. Als Isolierung können Buchenblätter oder Eichenblätter verwendet werden, aber auch Sphagnummoos.

Anschließend wird grabfähige Erde eingebracht, die Holzkonstruktion errichtet sowie die Technik installiert.

Schema einer Überwinterungskiste mit einer Mörtelwanne für Frühbeet oder Gewächshaus.

Schnell und sicher ist der Bau einer Überwinterungsgrube mit einer Mörtelwanne. Hier wird nach dem Ausschachten die Mörtelwanne in die Grube gestellt. Damit sich kein eindringendes Wasser in der Wanne ansammelt, werden in den Boden mehrere Löcher hineingebohrt. Das würde aber bedeuten, dass ggf. vorhandenes Grundwasser, etc. seitlich oder von unten eindringen kann. Von daher ist es vorteilhaft das Frühbeet oder das Gewächshaus bzw. die Überwinterungsgrube von oben abzudichten, so dass kein Wasser eindringen kann. Das kann durch die darüber befindlichen Stegplatten des Frühbeets bzw. Gewächshauses erfolgen. Danach wird die Mörtelwanne mit Substrat gefüllt und ein Schutzhaus als Abschluss auf die Mörtelwanne aufgesetzt.

Manche Schildkrötenhalter fertigen eine Überwinterungsgrube aus gegossenen Betonteilen an. Dabei wird im Vorfeld eine Art Schalung aus Holzbrettern erstellt, die dann anschließend komplett mit Beton ausgegossen wird. In dieser sehr aufwendigen und ein wenig übertriebenen Ausführung sehen wir keine Vorteile gegenüber der von uns geschilderten Überwinterungsgrube.

Ist der Platz für die Überwinterungsgrube unter der Schutzhütte im Frühbeet oder Gewächshaus begrenzt oder kommt nicht für die Überwinterung in Frage, so gibt es die Möglichkeit einer externen Überwinterungsgrube. Damit wird der Ort der Überwinterung entweder direkt an das Frühbeet bzw. Gewächshaus angeschlossen oder abseits gewählt. Wichtig ist, wie bei allen anderen Überwinterungsquartieren, dass sich die Schildkröten darin sicher vor Raubtieren etc. aufhalten können. Die Temperatur ist ebenso ein wichtiger Faktor. Heizmöglichkeiten sollten darin vorgesehen (Heizmatte oder Heizkabel, die über ein Thermostat geschaltet werden) und sicher befestigt werden. Außerdem sollte ein Deckel etc. dafür sorgen, dass der Überwinterungsort nicht im Falle eines Regens oder durch das Schmelzen von Schnee überflutet wird.

Externe Überwinterungsgrube.
Foto: Lutz Prauser

7.6 Befestigung

Frühbeete und Gewächshäuser unterscheiden sich in ihrer Beschaffenheit etc. Eines haben sie aber alle gemeinsam: Sie müssen fest mit dem Unterbau oder Sockel verbunden werden. Denn nur das schützt vor dem Verrutschen oder gar Wegfliegen bei Sturm und Unwetter. Die unteren Profile lassen sich üblicherweise bequem mit Hilfe von Winkeln und (Hammerkopf-)Schrauben am Unterbau befestigen. Muss beispielsweise das Frühbeet einmal zur Seite genommen werden, lassen sich die Schrauben bequem lösen (im Gegensatz zu einer Verwendung von Kleber etc.).

Beispiel einer Befestigung des Gewächshauses an Mauersteinen.

VIII

Technik

Der Einsatz von Technik ist für unsere Europäischen Landschildkröten essentiell.

In Kapitel 1 „Natur als Vorbild“ haben wir schon anhand der Klimatabelle feststellen können, dass im natürlichen Habitat andere klimatische Bedingungen herrschen als in unseren Breitengraden.

Für eine naturnahe Haltung Europäischer Landschildkröten ist der zeitweise Einsatz von Technik aus diesem Grund unabdingbar.
Wie bereits mehrfach erwähnt können Europäische Landschildkröten keine eigene Körperwärme erzeugen und sind daher auf die Umgebungstemperatur angewiesen. Dabei wird unterschieden zwischen der Aktivitätstemperatur und der Vorzugstemperatur.

Die Aktivitätstemperatur beschreibt die Temperatur, indem die Schildkröten ihre normale Aktivität betreiben (wie z. B. Laufen und Klettern oder auch die Balz und Paarung). Diese Temperatur ist breiter gefächert als die Vorzugstemperatur und kann sich unter der Vorzugstemperatur befinden. Daher laufen die Tiere selbst dann noch durch das Gehege, wenn die Temperaturen im unteren, zweistelligen Bereich liegen. Wir konnten bereits unsere eigenen Tiere beobachten, die nach einem Wintereinbruch im April im verschneiten Freigehege umherliefen.

Die Vorzugstemperatur kennzeichnet die Temperatur bei der wechselwarme Tiere eine bestmögliche Stoffwechselleistung erbringen. Bei dieser Temperatur, die bei Europäischen Landschildkröten bei ca. 35 °C liegt, laufen die Vorgänge wie Nahrungsaufnahme und Verdauung optimal ab.

Kühlere Temperaturen werden hingegen zum Ruhen angestrebt. Landschildkröten erreichen über den Tag mittels Thermoregulierung die unterschiedlichen, benötigten Temperaturen. Mit einer guten Strukturierung des Geheges durch Einbringen von Schattenplätzen und Sonnenplätzen bzw. Wärmeinseln (Wegehaupt 2012) können wir schon einen Teil dazu beitragen. Aber besonders die Übergangszeiten sind bei uns zu nass und zu kalt und daher müssen wir hier mit Technik in den Frühbeeten bzw. Gewächshäusern nachhelfen.

8.1 Wärme und Licht

Bitte achten Sie darauf, dass die entsprechende Technik sehr sorgfältig geplant und durch Fachpersonal ausgeführt wird.

Allgemein

Elektroinstallationen sind nur durch Fachpersonal auszuführen. Bei einer nachträglichen Anbringung von Steckdosen etc. ist darauf zu achten, inwieweit die elektrischen Betriebsmittel vor Berührung und Fremdeinwirkung wie Staub (1. Kennziffer) und Wasser (2. Kennziffer) geschützt sind. Je höher dieser Wert ist, desto höher ist der Schutz.

IP: 5 4

2. Kennziffer

1. Kennziffer

Codebuchstaben (International Protection)

Für unsere Belange sollten die elektrischen Betriebsmittel mindestens die IP-Schutzart IP 54 (staubgeschützt und spritzwassergeschützt) – besser IP 65 (staubdicht und strahlwassergeschützt) – betragen.

Die weiteren, höheren IP-Schutzarten:

- IP 55 (staub- und strahlwassergeschützt)
- IP 56 (staubgeschützt und wasserdicht)
- IP 65 (staubdicht und strahlwassergeschützt)
- IP 67 (staub- und wasserdicht)
- IP 68 (staub- und druckwasserdicht)

Landschildkröten assoziieren Wärme immer nur mit Licht. Doch welche Lampe wird benötigt, die ausreichend Helligkeit und genügend Wärme liefert?

Kurze Einführung in das Thema Licht
Die physikalische Einheit für eine Beleuchtungsstärke einer Lichtquelle wird in Lux angegeben (lat. Licht). Diese gibt an, wie viel Lichtstrom einer Lichtquelle auf eine Fläche fällt (unabhängig davon, wie viel Licht die Lichtquelle tatsächlich ausstrahlt). In den Habitaten Europäischer Landschildkröten werden an einem wolkenlosen Tag Beleuchtungsstärken von 100.000 bis 120.000 Lux(lx) erreicht.

An bedeckten Tagen werden nur 40.000 bis 50.000 lx erzielt. Der Wert ist also von verschiedenen Faktoren wie Wetterlage, Sonnenstand (Entfernung), Jahreszeit und Lage abhängig. Im Schatten (dort halten sich die Tiere im Hochsommer gerne auf) beträgt der Wert immer noch ca. 20.000 lx. Diese Messungen konnten wir in den verschiedenen Habitaten mit einem Lux-Messer erzielen.

Bei Lampen wird die Lichtleistung (oder der Lichtstrom) in Lumen gemessen. Dieser Wert besagt, wie viel Licht eine Lichtquelle von allen Seiten ausstrahlt. Je höher dieser Wert ist, umso mehr Licht gibt die Quelle ab.

Für uns Halter ist wichtig, wie viel von dem abgestrahlten Lichtstrom (in Lumen) der Lampe tatsächlich als Beleuchtungsstärke (Lux) bei unseren Tieren ankommt.

Dieser Wert kann mittels Luxmeter gemessen werden oder man kann grob selbst den Wert ausrechnen bzw. ausrechnen lassen. Dafür müssen neben dem Lumenwert der Lampe, der Abstrahlwinkel und die Entfernung der auszuleuchtenden Fläche mit berücksichtigt werden.
Im Internet gibt es Lumen-Lux-Rechner um sich einen groben Überblick zu verschaffen, wie viel Lux bei den Tieren ankommt

Dazu hier ein Beispiel:

Leuchtangaben in Lumen:	1.000
Abstand in Meter	1,00
Abstrahlwinkel in Grad:	90

Ergebnis:

beleuchtete Fläche in m²:	3,14
Beleuchtungsstärke in Lux:	543,39

Hängt man nun diese Lampe auf ca. 30 cm Höhe, verändert sich der ankommende Lichtstrom erheblich:

Ergebnis:

beleuchtete Fläche in m²:	0,28
Beleuchtungsstärke in Lux:	6.037,66

8.1.1 Wärmelampen

Beim Kauf einer Wärmelampe trifft der Schildkrötenhalter auf die weiteren Begriffe „Watt“ und „Kelvin“.
Was bedeuten diese Bezeichnungen? Und was muss ich beim Erwerb der Lampen für den Einsatz als Wärmelampe beachten?
Mit dem Begriff „Watt“ wird der Energieverbrauch der Lampe angegeben.

Ein Energiefresser wie die Glühlampe mit 100 Watt hat somit bei einem Tageseinsatz von 10 Stunden einen Energiebedarf von 1 Kilowattstunde. Eine vergleichbare LED hat für dieselbe Lichtleistung nur zwischen 16 und 20 Watt Verbrauch. Eine entsprechende Halogenlampe verbraucht 50 Watt die Stunde.
Ein wichtiger Faktor beim Kauf einer Wärmelampe ist die Kelvin-Zahl. Diese Kennzahl gibt die Farbtemperatur einer Lampe an.
So hat ein „warmes" Licht mit hohem Rotanteil ca. 3.000 Kelvin und ein „kaltes" Licht mit hohem Blauanteil ca. 10.000 Kelvin.

Wichtig für uns Halter ist die Kelvin-Kennzahl in freier Natur:

- Morgensonne ca. 2.500 Kelvin
- Mittagssonne ca. 5.500 Kelvin
- Bedeckter Himmel ca. 7.000 Kelvin
- Blauer Himmel ohne direkte Sonnenstrahlung ca. 10.000 Kelvin

Direkt unter der Wärmelampe, der Bereich den die Tiere sehr gerne aufsuchen, sollte man einen flachen aber etwas unebenem Stein legen, damit aus Versehen auf den Rücken gefallene Tiere schnell aus dieser gefährlichen Wärmequelle heraus kommen und sich wieder umdrehen können.

Direkt unter der Wärmelampe liegt ein unebener Stein.

Allgemeiner Hinweis: Durch einen stetigen technischen Fortschritt im Bereich von geeigneten Wärmelampen möchten wir hier an dieser Stelle nicht alle Hersteller bzw. Produkte aufführen, die am Markt erhältlich sind. Wir haben positive Erfahrungen mit zwei Herstellern gemacht, die wir daher in diesem Kapitel empfehlen. Inzwischen gibt es zahlreiche Shops, die ein ausführliches Sortiment an Artikeln für unsere Schildkrötenhaltung anbieten. Deshalb möchten wir Sie im Falle eines Bedarfs zudem an solche Fachhändler verweisen.

8.1.2 Halogenlampen

Halogenlampen PAR 38 mit einem herkömmlichen Gewindesockel E27 benutzen wir schon seit Jahren. Diese spezielle Form der Glühlampe hat einen mit Halogengas gefüllten Glaskolben. Der Vorteil bei dieser Lampe ist, dass sie sehr heiß wird und dadurch punktuell die benötigte Wärme zur Thermoregulierung erzeugen kann. Zum Schutz der Lampe betreiben wir diese in einem spritzwassergeschützten Schutzkorb. Umgangssprachlich wird diese Installation auch als „Ferkellampe" bezeichnet. Dieser Beleuchtungskörper wird demnach so aufgehangen, dass punktuell eine Wärme von ca. 35–40 °C unter dem Strahler herrscht.
Im Handel werden diverse Halogenlampen angeboten. Speziell für Reptilien bietet die Fa. Lucky Reptil z. B. eine Halogen Sun, 75 Watt für E27 Fassungen an.

Die Befestigung der Lampen sowie das Verlegen der Kabel sollte sorgfältig vorgenommen werden, damit keine Unfälle entstehen. Die Metallprofile der Frühbeete und Gewächshäuser eignen sich gut für die Montage der Wärmelampen. Aufgrund der Beschaffenheit können im Gewächshaus Hammerkopf- oder Ringschrauben direkt in die Profile eingedreht und Lampen bequem daran befestigt werden. Im Frühbeet sollte man eher eine Lampenhalterung direkt in die Profile schrauben, an der die Wärmelampen etc. befestigt werden. Möchte oder kann man die Profile nicht dazu verwenden, so eignet sich eine halbrunde Pflanzenstütze. Beide Enden werden vorsichtig in den Boden des

Frühbeets bzw. Gewächshauses gesteckt und der Lampenschutzkorb (vgl. „Ferkellampe") daran befestigt. Der Abstand zwischen Schildkröte und Lampe kann mühelos verstellt werden.

Pflanzenstütze als Befestigung für Wärmelampen etc. im Frühbeet.

Aufgrund der vorhandenen Höhe im Gewächshaus können solche Äste als Lampenhalterung verwendet werden. Auf eine stabile Befestigung ist zu achten.

8.1.3 Halogen-Metalldampflampen

Die Halogen-Metalldampflampen sind eine Weiterentwicklung der Quecksilberdampflampen und erreichen eine sehr hohe Lichtausbeute bei sehr guter Farbwiedergabe. Sie gehören neben den LED-Lampen zu den effizientesten Leuchtkörpern überhaupt (Lichtausbeute von ca. 70 %).
Die neueren Modelle mit Keramiktechnologie haben Helligkeitswerte von bis zu 14.200 lm bzw. 4.200 K. Die mittlere Lebensdauer liegt bei ca. 12.000 Betriebsstunden. Zum Betreiben der Lampen werden elektronische Vorschaltgeräte eingesetzt. Diese haben die Aufgaben die hohe Zündspannung zu liefern und den Strom im Betrieb zu begrenzen (vgl. Wunderlich o.J.).

Der Vorteil von Halogen-Metalldampflampen liegt darin, dass man alle notwendigen Bedingungen in einer Lampe bündelt. Der Sonnenplatz direkt unter der Lampe wird also mit dem UV-Licht, mit einer extremen Helligkeit und mit der benötigten Wärme ausgestattet.
Aber Achtung: Diese Lampen sollten nicht über ein Thermostat geschaltet werden, da zu häufige Einschalt-/Ausschaltzyklen (über den gesamten Tag betrachtet) dieses Leuchtmittel schädigt.
Wir empfehlen Halogen-Metalldampflampen der Fa. Reptiles Expert (z. B. UVB MD-Lampe 70 Watt). Laut Hersteller wird ein Austausch der Leuchtmittel nach ca. 3.500 Betriebsstunden empfohlen.

8.1.4 LED-Lampen

LED-Lampen haben eine hohe Lichtausbeute, sind langlebig und haben von allen Leuchtmitteln den niedrigsten Energieverbrauch. Ein weiterer großer Vorteil, der für uns Halter von Landschildkröten leider zum Nachteil wird: Sie haben eine sehr geringe Wärmeentwicklung. LED-Lampen finden daher nur dort Verwendung, wo neben einer Wärmequelle zusätzlich eine hohe Lichtintensität benötigt wird. So können LED-Lampen in einem für Landschildkröten umfunktionierten Gartenhaus zum Einsatz kommen, um dieses innen auszuleuchten.

Ultraviolettes Licht (UV)

UV-Strahlen sind für uns Menschen nicht wahrnehmbare, elektromagnetische Wellen, die den Wellenlängenbereich von 100-400 Nanometer umfasst.
Die UV-Strahlung ist der energiereichste Teil der optischen Strahlung und enthält drei Bereiche:

UV-A	Wellenlänge 315–400 nm	Durch den Menschen nicht zu sehen; Reptilien sind in der Lage UV-A Strahlen zu sehen.
UV-B	Wellenlänge 280–315 nm	UV-B wird für die Vitamin-D-Synthese benötigt (Einlagerung von Calcium in Knochen und Panzer).
UV-C	100–280 nm	Die besonders energiereiche UV-C Strahlung ist stark gewebezerstörend und wird in den oberen Atmosphärenschichten vollständig ausgefiltert.

UV-B Strahlen werden über die Haut aufgenommen, was bei uns Menschen für den gebräunten Teint, aber auch für Verbrennungen oder Hautkrebs verantwortlich ist. Bei einer Unterversorgung von Vitamin D aufgrund fehlender UV-B Bestrahlung kann es bei Europäischen Landschildkröten zu einer Rachitis (Knochenerweichung) kommen. Sehr oft ist diese Krankheit bei Landschildkröten anzutreffen, die zeitlebens bzw. ab Jungtieralter in einem Terrarium leben müssen bzw. mussten.
Häufig kommt in diversen Schildkrötengruppen oder -foren die Frage auf, ob UV-B Lampen in einem Frühbeet bzw. Gewächshaus benötigt werden. Adulte Tiere gehen nach dem morgendlichen Aufwärmen unter einer Wärmelampe meist ins Gehege und verbleiben oft den ganzen Tag dort. Somit ist eine ausreichende UV-B Bestrahlung gewährleistet. Hochwertige Frühbeete bzw. Gewächshäuser mit Alltop-Stegplatten haben den Vorteil, dass sie neben der hohen Wärmespeicherung die wichtigen UV-B-Strahlen durchlassen. Alltop ist das einzige UV-B durchlässige Material (nicht zu verwechseln mit UV-B-Beständigkeit).
Wie lange Europäische Landschildkröten nun einer UV-B Strahlung ausgesetzt werden sollen und in welcher Häufigkeit ist noch nicht gänzlich erforscht.

In der Humanmedizin wurde dies dagegen umfassend untersucht: So reichen in unseren Breitengraden eine fünfminütige Sonnenbestrahlung an zwei bis drei Tagen, um den Körper in der Woche ausreichend mit Vitamin D zu versorgen (Kober & Geissel 2015).

Schlüpflinge, die in den ersten Jahren sehr versteckt leben, kommen weniger in den Genuss von UV-B Strahlen. Hier wäre zumindest ein Frühbeet mit Alltop-Stegplatten empfehlenswert.
Da Vitamin D im Körper recht stabil ist, können die Landschildkröten auf „Vorrat Sonne tanken". Bei einem herkömmlichen Frühbeet/Gewächshaus ohne Alltop, kann der Einsatz von UV-B-Lampen in Betracht gezogen werden. Beachtet muss hier allerdings, dass die meisten UV-Lampen Entladungslampen sind und somit ein Vorschaltgerät benötigt wird.

Da die Intensität der UV-Strahlen mit der Zeit immer mehr nachlässt, sollten UV-B Lampen regelmäßig ausgetauscht werden. Geht man von Europäischen Landschildkröten aus, so beginnt die Saison ca. Mitte/Ende März und endet im November. Für die warmen Sommermonate benötigt man in der Regel sehr wenig Wärmelampen, so dass wir den Tausch der Lampen 1x pro Jahr (also 1 Schildkrötensaison) empfehlen. Das entspricht ca. 1.500 bis 3.000 Stunden (je nach Einstellung bzw. Brenndauer der Lampe). Verfügt der Halter über ein spezielles Messgerät, so könnte man die Intensität bzw. „Ausbeute" der Lampe messen, um zu entscheiden, ob das Leuchtmittel ausgetauscht werden sollte oder nicht.

Ich (Torsten Kiefer) halte im Hunsrück neben Griechischen Landschildkröten auch afrikanische Spaltenschildkröten. Nach einem Jahr tausche ich die UV-B Lampen gegen neue aus. Die „alten" Lampen werden aber nicht entsorgt, sondern werden bei den Griechischen Landschildkröten als Wärmelampe eingesetzt. Geschaltet werden die UV-B-Lampen mit einer mechanischen Zeitschaltuhr, die von 8 bis 12 Uhr die Lampen schaltet. Wer also neben Europäischen Landschildkröten noch exotische Landschildkröten, Wasserschildkröten oder andere Reptilien hält, muss die UV-B Lampen nach der Zeit nicht entsorgen, sondern kann diese als Wärmelampen im Frühbeet, Gewächshaus etc. weiter nutzen.

8.2 Zeitschaltuhren

Für eine konstante Wärmeentwicklung im Frühbeet bzw. Gewächshaus ist der Einsatz von Zeitschaltuhren wichtig.

Mechanische Zeitschaltuhr für den Außenbereich.

Eine herkömmliche Zeitschaltuhr schaltet die Wärmelampen zu festgelegten (programmierten) Zeiträumen ein oder aus. Bei einer mechanischen Schaltuhr werden die Stifte an der Drehscheibe entweder nach oben oder nach unten geklappt. Bei elektronischen Zeitschaltuhren werden die Zeiten programmiert.
Diese Schaltuhren haben den Nachteil, dass die Lampen auch dann brennen, wenn im Frühbeet bereits sommerliche Temperaturen herrschen.

8.2.1 Temperaturregler

Ein Temperaturregler schaltet die Wärmelampen in Abhängigkeit von Temperatur oder aus einer Kombination von Zeit und Temperatur. Dies hat den Vorteil, dass eine Wärmelampe nicht dauernd leuchtet, wenn bereits die gewünschte Temperatur im Frühbeet bzw. Gewächshaus erreicht wurde.

Auf dem Markt gibt es eine große Auswahl an Thermostaten. Bei Schildkrötenhalter sind folgende Modelle beliebt:

Modell	Temperaturbereich	Bedienbarkeit	Besonderheit
Universal Thermostat UT300	-40 bis +99 °C	Einfach	Als Heiz- oder Kühlthermostat einsetzbar (Überwinterung im Kühlschrank), für Feuchträume geeignet.
Bio Green Digital-Thermostat	-50 bis +99 °C	Einfach	Thermostat mit Dual-Funktion, thermostatisch kühlen, thermostatisch heizen, sehr robust, für Feuchträume geeignet.
TFA Dostmann Thermo-Timer mit Zeitschaltuhr	0 bis 40 °C	Mittel	Einstellung von drei unterschiedlichen Zeitpaaren; nur für den Einsatz in geschlossenen und trockenen Räumen entwickelt!
Inkbird ITC 306T WIFI	-50 bis 99 °C	Einfach	Einstellung und Kontrolle direkt über die App; für Feuchträume geeignet.

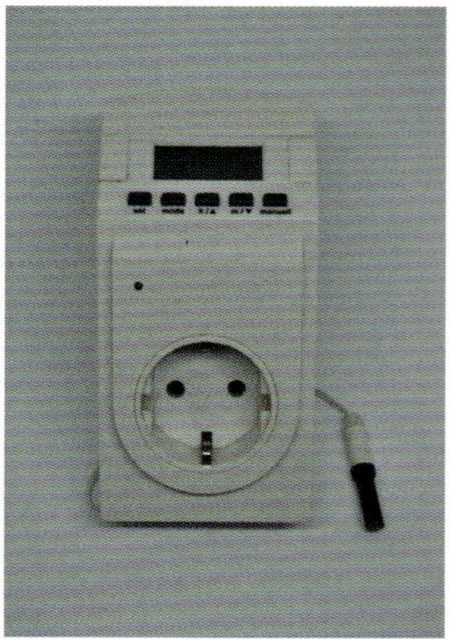

Bio Green Digital-Thermostat (links); TFA Dostmann Thermo-Timer (rechts).

8.3 Automatischer Fensteröffner

Ein sehr wichtiger Bestandteil für Frühbeete und Gewächshäuser sind automatische Fensteröffner. Im Sommer können die Temperaturen darin schnell auf 50 °C oder mehr ansteigen. Frühbeete mit nur 4 mm Stegplattenstärke heizen sich sehr rasch auf und können für Landschildkröten zur tödlichen Gefahr werden. Aber auch bei der Verwendung von 16 mm Stegplatten können solche gefährlichen Temperaturen schnell erreicht werden.

Automatischer Fensteröffner im Frühbeet.

Damit es nicht zu einem Hitzestau kommt, muss der Deckel bzw. das Fenster geöffnet werden. Ein automatischer Fensteröffner öffnet beim Erreichen einer bestimmten Temperatur das Fenster bzw. hebt den Deckel des Frühbeetes an. Universal-Fensteröffner beginnen bei ca. 20 °C mit dem Öffnungsvorgang. Da unsere Schildkröten jedoch vor allem im Frühjahr und im Herbst eine gewisse Grundtemperatur benötigen, ist es beinahe ein wenig kontraproduktiv. Der Handel bietet daher Fensteröffner an, die erst bei ca. 25 °C beginnen die Frühbeetdeckel bzw. Gewächshausfenster zu öffnen. Dadurch wird vor allem im Frühjahr und im Herbst die Wärme besser im Frühbeet bzw. Gewächshaus gehalten.
Der Fensteröffner verfügt über einen mit Öl/Wachs-Gemisch gefüllten Hydraulikzylinder. Bei Wärme dehnt sich dieses Gemisch aus und drückt die Kolbenstange, die sich im Zylinder befindet, heraus und hebt so den Deckel an. Kühlt es wieder ab zieht sich das Gemisch zusammen und der Kolben fährt zurück in den Zylinder. Durch ein Drehen des Kolbens kann eine kleine Verzögerung von wenigen Grad Celsius erreicht werden (für beide Versionen).

Wichtig: Ein automatischer Fensteröffner ersetzt nicht die Schattierung, sondern sorgt dafür, dass die (zu) warme Luft entweichen kann.

8.4 Heizgeräte

Vor allem in den Übergangszeiten von Frühjahr zu Sommer und Herbst zu Winter reicht es nicht, den Tieren die Wärme über Wärmelampen anzubieten. Nachts kann es an manchen Tagen empfindlich kalt werden, sodass im Besonderen im Herbst die Schildkröten dazu veranlasst werden, vorzeitig mit der Starrevorbereitung zu beginnen. Um nun in kühleren Nächten eine Grundtemperatur zu halten, werden Heizgeräte, die in Verbindung mit einem Thermostat arbeiten, eingesetzt (Mindesttemperatur z. B. ca. 10-12 °C).
Erfolgt die Überwinterung geschützt im Frühbeet bzw. Gewächshaus sind Heizkörper oder Heizmatten unverzichtbar. Als Sicherung vor Frost im Frühbeet schalten diese Geräte nach Unterschreiten einer im Temperaturregler einprogrammierten Mindesttemperatur auf Betrieb. Während der Überwinterung sollte man dieses Thermostat so programmieren, dass beim Unterschreiten von beispielsweise 3 oder 4 °C das Wärmekabel oder die Heizmatte in der Überwinterungsgrube anspringt. Der Sensor liegt dabei bei dem Tier, das sich am wenigsten (oder gar nicht) eingegraben hat.
Die Heizgeräte müssen so angebracht sein, dass sich die Tiere nicht „verbrennen" bzw. auf den Heizmatten liegen oder sich in den Heizkabeln verfangen. Ebenso muss die Anbringung so erfolgen, dass weder die Inneneinrichtung noch das Frühbeet selbst Schaden durch einen Brand etc. nehmen.

8.4.1 Gewächshausheizungen

In Gewächshäusern oder in umfunktionierten Gartenhäusern werden zum Teil Gewächshausheizungen eingesetzt, um das im Gegensatz zum Frühbeet höhere Luftvolumen auf entsprechende Temperatur zu heizen bzw. zu halten. Dabei hängt die Wärmezufuhr im Wesentlichen von drei Faktoren ab:

- Isolierwert des Gewächshauses
- Flächeninhalt
- Temperaturdifferenz zwischen innen und außen

Es gibt verschiedene Arten von Gewächshausheizungen. Für die Schildkrötenhaltung sind die Folgenden empfehlenswert:

Heizen mit Warmwasser

Mit dem Anschluss an die zentrale, wasserführende Heizungsanlage der eigenen vier Wände erzielt man die gleichmäßigste und wartungsärmste Wärmezufuhr. Über das gedämmte Rohrleitungssystem gelangt das Warmwasser in den Heizkörper. Die Rohre selbst können im Gewächshaus die Wärme gleichmäßig verteilen. Da im Gewächshaus, im Gegensatz zum Eigenheim, vor allem nachts mehr geheizt werden muss, ist ein eigener Heizkreislauf notwendig. Die Installation einer solchen Heizungsanlage ist sehr kostenintensiv und sollte nur von einer Heizungsfirma ausgeführt werden.

Heizen mit Gas

Eine weitere Möglichkeit ist das Beheizen mit Gas. Dabei muss auf eine ausreichende Be- und Entlüftung des Gewächshauses geachtet werden. Entweder erfolgt die Belieferung der Gas-Gewächshausheizung über eine Gasflasche oder einen Gastank, der außerhalb des Gewächshauses aufgestellt wird.

Elektroheizung

Die häufigste genutzte Art der Gewächshausheizung ist die mit elektrischem Strom. Hier bietet der Markt verschiedene Möglichkeiten an. Ob als einfaches Elektrogebläse bis hin zu einer Umluft-Heizung.

Robuste und wattstarke Gewächshausheizung (Hersteller Bio Green).

Die modernen Geräte haben ein Thermostat installiert, welches bei Unterschreiten der eingestellten Minimum-Temperatur das Gebläse einschaltet. Alternativ kann eine Elektroheizung mit einem separaten Thermostat gesteuert werden. Zugluft bzw. aufgewirbelter Staub auf Bodenhöhe sollte verhindert werden.

8.4.2 Frostwächter

Diese kleinen kompakten Geräte (gas- oder strombetrieben) werden dazu verwendet in den Übergangszeiten die Temperaturen nachts im Frühbeet oder Gewächshaus nicht unter eine festgelegte Temperatur fallen zu lassen.

Bei einer naturnahen Überwinterung im Frühbeet/Gewächshaus sollte der Frostwächter das machen, was sein Name sagt: Den Innenraum frostfrei halten.

Hochwertiger Frostwächter, der für Gewächshäuser geeignet ist (Hersteller Bio Green).

Frostwächter gibt es in verschiedenen Ausführungen. Oft sind sie schon mit einem Thermostat ausgerüstet. Beim Kauf eines Frostwächters sind folgende Punkte zu beachten:

- feuchtraumgeeignet
- ausreichende Leistung (Frühbeet oder Gewächshaus)
- eingebautes Thermostat
- Ggf. Umkippsicherung (selbstständiges Ausschalten beim Umkippen, Brandgefahr!)
- gute Standsicherheit
- frostsicher

8.4.3 Elsteinstrahler

Elsteinstrahler sind sogenannte „Dunkelstrahler“, die kein sichtbares Licht abgeben. Da Schildkröten Wärme aber nur mit Licht in Verbindung bringen, sind diese Infrarotstrahler nur dafür geeignet, nachts die Temperatur im Schutzhaus mit kleinerem Volumen (kleines Frühbeet) zu halten. Größere Frühbeete mit einer Grundfläche von beispielsweise 4 m^2 sind damit wohl nicht mehr beheizbar. In Verbindung mit einem Thermotimer werden die Elsteinstrahler, die es in verschiedenen Watt-Stärken zu kaufen gibt, nachts je nach Temperatur ein- oder ausgeschaltet. Die Installation sollte sehr gewissenhaft durchgeführt werden. Hierbei eignet sich eine Metallfassung inkl. Schutzkorb sehr gut, um eine Verbrennung durch versehentliches Anfassen zu vermeiden. Ebenso muss auf genügend Abstand zu brennbaren Materialien (Substrat, Holzhäuschen, Doppelstegplatten etc.) geachtet werden. Hier wird unserer Meinung nach deutlich, dass die im nächsten Abschnitt erwähnten Heizkabel und Heizmatten geeigneter sind.

8.4.4 Heizkabel und Heizmatten

Während der Elstein-Wärmestrahler bei einer natürlichen Überwinterung außerhalb der Überwinterungsgrube im Frühbeet angebracht wird, werden Heizkabel und/oder Heizmatte (Wärmematten) direkt über der Grube im Schutzhaus befestigt.

Ein Heizkabel ist im Gegensatz zur Heizmatte etwas flexibler und wird entweder am Deckel des Schutzhauses oder an den Wänden entlang montiert.

Heizkabel, welches ausgerollt z. B. in den Deckel des Schutzhauses befestigt wird. Zusätzlich wird häufig ein Thermostat für die Schaltung benötigt.

Die Heizmatte wird am Deckel angebracht. Beide werden mit einem Thermostat verbunden. In der Übergangszeit sollte das Thermostat so programmiert werden, dass die Wärmequellen bei unterschreiten von ca. 10-12 oder 15 °C (je nach Jahreszeit bzw. Monat oder Aktivitätsverlauf der Tiere, vgl. Geier 2017b) anspringen. Bei einer natürlichen Überwinterung in einem Frühbeet/ Gewächshaus, sollten die Wärmequellen in der Überwinterungsgrube bei unterschreiten von ca. 3-4 °C in Betrieb gehen.
Eine Heizmatte sollte ausschließlich innen am Deckel der Überwinterungskiste bzw. des Schutzhauses angebracht werden. Aufgrund der Wärmeverteilung sollte die Matte nicht an der Seite befestigt werden. Auf keinen Fall sollen die Tiere direkt damit erwärmt werden (also die Heizmatte nie zu den Tieren in die Erde bzw. in das Substrat legen).

Im Deckel der Schutzhäuser installierte Wärmematte.

8.5 Alternative Wärmequellen

Eine kostengünstige Wärmequelle, um im Sommer bei kälteren Tagen die Temperatur im geschützten Frühbeet hochzuhalten, ist der Einsatz von Wasserkanistern. Bei Sonneneinstrahlung heizen sich mit Wasser gefüllte, schwarze Kanister schnell auf und geben die Wärme langsam ab. Um sonnenunabhängig zu sein, kann ein Aquarienheizer eingesetzt werden, der die Wassertemperatur konstant hochhält und so für eine gleichbleibende Wärmeabgabe sorgt (Bidmon 2006).
Mit einem Solarschlauch wird die gleiche Wirkung erzielt. Diese in verschiedenen Längen erhältlichen schwarzen Schläuche werden mit Wasser gefüllt und im Frühbeet ausgelegt. Die Sonne erhitzt das Wasser im Schlauch, der Wärmespeicher gibt diese Energie ab und erwärmt so die Luft im Frühbeet.

Im Falle eines technischen Defekts muss die ausgefallene Heizung bzw. Heizmöglichkeit generell schnell ersetzt werden. Bei einem Stromausfall oder bei sehr lange anhaltenden Frostperioden findet man unter Schildkrötenhaltern häufig einen selbstgebauten Teelichtofen, falls die Temperaturen im Frühbeet oder Gewächshaus zu stark fallen. Das Prinzip ist sehr einfach und zugleich sehr effektiv. Das Internet liefern eine Menge an Videos, die ausführliche Anleitungen zeigen. Bei der Verwendung eines solchen Ofens ist jedoch darauf zu achten, dass dieser sicher platziert wird (z. B. auf einer Steinplatte), seitlich und nach oben genügend Abstand zu im Frühbeet oder Gewächshaus befindlichen Gegenständen eingehalten wird und keine Tiere darankommen können. Diese Art der „Heizung" soll jedoch keine der zuvor aufgeführten Geräte ersetzen, sondern lediglich eine Notlösung darstellen.

Auch die Verwendung von Grablichtern, um die Temperatur notdürftig über dem Gefrierpunkt zu halten, ist möglich. Auch hier gilt, dass diese Wärmequelle lediglich als Notfall-Lösung dient. Ebenso u. a. auf Standsicherheit achten.

8.6 Kontrolle

Das Thema Kontrolle ist in der Schildkrötenhaltung von wesentlicher Bedeutung. Dabei geht es nicht nur um die Sichtkontrolle der Tiere, sondern ebenso um ein wachsames Auge in Bezug auf Freigehege bzw. Umrandung etc.

Aber zugleich sollte die Technik regelmäßig auf Funktionalität hin überprüft werden. Außerdem gibt es kleine „technischer Helferlein", die an dieser Stelle kurz genannt werden sollen. Diese lassen uns interessante Einblicke in unsere Haltung geben.

Infrarot- bzw. „Laser"-Thermometer.

8.6.1 Datenlogger

Allgemein: Ein Datenlogger ist ein elektronisches Gerät, das Temperaturen (oder auch andere Umweltparameter) überwacht und aufzeichnet. Entweder erfolgt die Überwachung direkt über den Datenlogger, oder das Basisgerät ist mit Funksendern für eine kabellose Übertragung der Daten verbunden.

So können, besonders in den Übergangszeiten oder bei einer natürlichen Überwinterung in einer Überwinterungsgrube, die Temperaturen nachts überwacht und tagsüber ausgewertet werden. Sollten die Temperaturen zu sehr abfallen, kann nachjustiert werden (z. B. Heizkabel mit stärkerer Wattzahl oder früherem Einschaltzeitpunkt).

Wir nutzen zur Überwachung der Temperaturen den Datenlogger Klimalogg Pro von TFA Dostmann mit mehreren Funk-Sendern.
Ein Sender ist außerhalb des Schildkrötenhauses im Gehege platziert, der zweite Sender im Schildkrötenhaus und der dritte (ausgestattet mit einem ca. 2m langen Kabelfühler) in der Überwinterungsgrube. So haben wir tagsüber, wenn wir zuhause sind, die Temperaturen in den jeweiligen Bereichen im Display des Datenloggers im Blick.
Mit der mitgelieferten Software lässt sich das Temperaturgefälle (in der Nacht) überprüfen und ggf. korrigierend eingreifen.

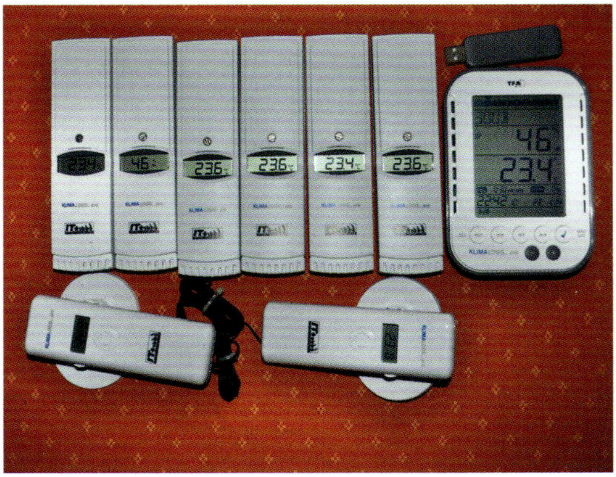

Datenlogger inkl. Basisstation (Hersteller TFA Dostmann).

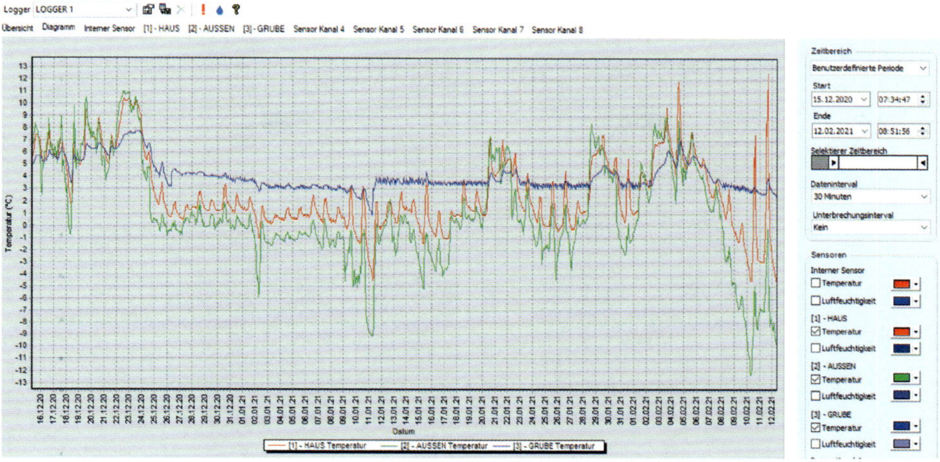

Datenlogger-Auswertung

8.6.2 Gehege-Kamera

Überwachungskameras sind mittlerweile bei vielen Haltern ein wichtiges Hilfsmittel. Europäische Landschildkröten sind wahre Künstler, wenn es darum geht das eigene Gelege zu „verstecken". Die Weibchen verschließen nach der Eiablage die Eigrube so geschickt, dass die Stelle für Räuber (oder für uns Halter) nicht wieder zu finden ist. Zwar haben ältere Tiere oft einen „Stammplatz" für die Eiablage, doch jüngere Tiere haben noch nicht die Erfahrung und fertigen viele Probebohrungen an, bevor sie eine geeignete Stelle gefunden haben. Um aber jetzt nicht das ganze Gehege umgraben zu müssen, helfen sich viele Halter damit aus, dass sie eine Überwachungskamera im Gehege oder sogar im Frühbeet bzw. Gewächshaus platzieren.

Durch Infrarot- und Bewegungsmelder können sogar ungebetene Gäste erfasst werden. Nicht nur in ländlichen Gebieten sind für Schildkröten gefährliche nachtaktive Prädatoren unterwegs. Zwar kann der Halter weniger gegen die Eindringlinge ausrichten, aber er kann eventuelle Schwachstellen in seinem Gehegebauin oder der Umrandung identifizieren und beheben.

IX

Gehegebau

Nachdem wir nun bereits viele Aspekte rund um Schildkrötengehege erläutert haben, möchten wir in diesem Kapitel die verschiedenen Arbeitsschritte bzw. die Entwicklung zeigen.

Hinweise zum Bau eines Schildkrötengeheges

- Suchen Sie die Fläche des gesamten Geheges aus (möglichst sonniger Platz, viel Morgensonne).
- Entfernen Sie vorhandenen Rasen im Gehege komplett.
- Stellen Sie das Frühbeet oder Gewächshaus auf.
- Gestalten Sie eine naturnahe Struktur des Geheges durch Hügel, große Steine und Erdwälle.
- Legen Sie eine ausbruchsichere Einfriedung des Geheges an.
- Bringen Sie Futterpflanzen und Gehegepflanzen ein (durch Einsetzen und/oder Aussäen).
- Nutzen Sie unbepflanzte Stellen des Geheges als Wege und schottern Sie diese mit Kalksteinen auf.
- Setzen Sie Wasserschalen ins Gehege.
- Überführen Sie Ihre Tiere erst dann ins Gehege, wenn Sie alle Arbeiten (Frühbeetbau, Montage der Elektrik, sichere Umrandung, Bepflanzung) erledigt haben.

Bei jeglichen Gehegearbeiten sollten sich keine Schildkröten in unmittelbarer Nähe befinden. Leider ist es nicht möglich einen generellen Zeitpunkt zu nennen, zu dem man ein Gehege bauen, umbauen oder renovieren sollte. Es spielen zu viele Faktoren eine Rolle, die nicht pauschal bewertet werden können.
Da nicht alle Arbeiten in der Zeit stattfinden können, wenn sich die Tiere noch bzw. schon in der Winterstarre befinden, ist es ggf. notwendig die Tiere vorübergehend an anderer Stelle unterzubringen. Aufgrund der Aktivität unserer Schildkröten wäre ein sehr heißer Tag wohl der denkbar ungeeignete Zeitpunkt.

Stress, den manche Tiere durch Veränderungen zeigen, ist ein nicht zu unterschätzender Faktor. Die Zeit um die Eiablage (um nur einen Punkt unter vielen zu nennen) wäre solch ein Ereignis, das durch Arbeiten am Gehege negativ ins Gewicht fallen könnte.

Hinweise zum Bau eines Frühbeets

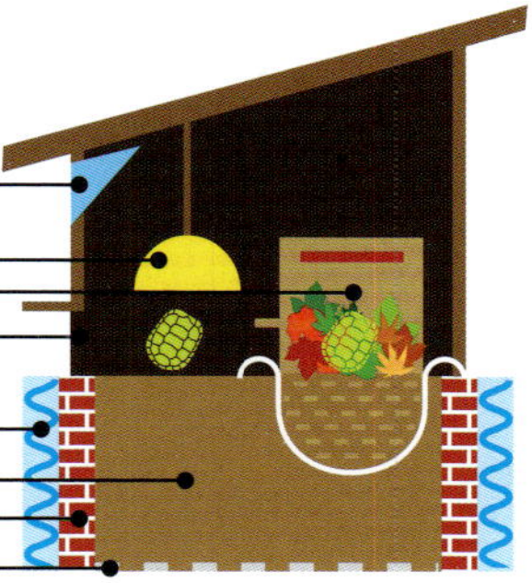

Insbesondere bedarf es beim Bau des Schutzhauses der Sorgfalt und durchaus auch handwerklichen Geschicks. Bitte ziehen Sie im Zweifel einen Fachmann zu Rate.
Sie können Frühbeete und Gewächshäuser auch fertig kaufen. Nachfolgend sehen Sie, ähnlich wie zuvor in diesem Kapitel zum Thema Gehegebau, wichtige Tipps zur Errichtung eines Frühbeets:

- Suchen eine geeignete Fläche für das gesamte Gehege aus und legen Sie den Platz für das Frühbeet fest.
- Heben Sie je nach Größe des Frühbeets eine Fläche von 1-2 m² in einer Tiefe von ca. 30 cm aus.
- Sollen die Tiere im Frühbeet überwintern, sorgen Sie für eine Überwinterungsgrube (z. B. Mörtelwanne).
- Auf diese Grundfläche legen Sie engmaschigen Draht oder Steinplatten. Das soll Ihre Tiere vor Feinden (Mäusen, Ratten etc.) schützen.
- Legen Sie die Stromzufuhr (Erdkabel) für die Wärmeversorgung.
- Setzen Sie sogenannte Rasenstellkanten, also Randsteine aus Beton mit gerader Oberfläche, als Fundament für das noch aufzustellende Schutzhaus.
- Isolieren Sie die Randsteine ggf. mit Dämmmaterial.
- Verlegen Sie an den Außenseiten Drainagerohre.
- Füllen Sie das Ganze mit lockerer Erde auf.
- Stellen Sie jetzt das Frühbeet auf.
- Lassen Sie die Technik (Lampen, Heizung) nur durch einen Fachmann installieren.
- Montieren Sie Fensterheber, damit eine Überhitzung des Frühbeets verhindert wird.

Jungtiergehege im Verlauf eines Jahres

13.7.

14.7.

21.7.

Diese zehn Fotos zeigen ein frisch angelegtes Jungtiergehege (geschütztes Außengehege, welches direkt an ein Gewächshaus grenzt) im Verlauf von über einem Jahr. Zunächst wurde im Juli das Gehege neu angelegt und mit zahlreichen (Futter-)Pflanzen sowie Versteckmöglichkeiten versehen. Im Folgemonat August ist ein rasches Wachsen der Pflanzen erkennbar. Bereits jetzt können sich die Tiere darin eigenständig ernähren.

3.8.

10.11.

10.11.

12.4.

18.5.

31.5.

28.9.

Der Vorteil dieses nach oben sehr großen Geheges wird deutlich:

Die Pflanzen können sich darin sehr gut ausbreiten und werden beispielsweise durch einen Schutzdraht nicht sehr niedrig gehalten. Im November wurde ein Kälteschutz (Noppenfolie) angebracht.

Dadurch überdauern die Pflanzen den Winter besser bzw. die Wachstumsphase setzt im Folgejahr deutlich früher ein. Nach der Winterstarre stehen bereits im März/April zahlreiche Pflanzen zur Verfügung, so dass sich die Schildkröten darin selbstständig ernähren können.

Bau eines Jungtiergeheges

Diese Fotos dokumentieren eine Neuanlage eines Geheges für Schlüpflinge oder Jungtiere. Zunächst wird der Bereich ausgewählt und grob markiert (a). Anschließend werden die vorhandenen Pflanzringe entfernt und eine ebene Fläche hergerichtet (b). Dabei ist es von Vorteil die Fläche relativ großzügig auszuheben, um mehr Platz für die späteren Arbeiten zu haben. Die Stelle des Frühbeets wird ausgehoben und mit Schotter versehen (c). Da später ein Frühbeet inkl. Sockel und Nagerschutz verwendet wird, muss hier kein Fundament bzw. keine Sperre mit Gehwegplatten oder Draht als Unterlage gebaut werden. Durch die leichte Hanglage wird der anfallende Erdaushub flächig verteilt (d). Das Frühbeet (bzw. der Sockel inkl. Nagerschutz) wird platziert und die Höhe der Umrandung festgelegt (e). Nach und nach wird erkennbar, welche Dimensionen das Frühbeet inkl. Freigehege haben wird (f).

a

b

c

d

e

f

g

h

i

j

k

l

Als Drainage bzw. Auflage der Umrandung wird grober Schotter verwendet (g). Die Umrandung wird mit Mauersteinen aus Beton gebaut. In die Öffnungen dieser zehn Mauersteine wurden 15 Eisenstäbe für die Fixierung eingeschlagen und anschließend mit Beton ausgegossen (h). Im nächsten Schritt wird Mutterboden oder Pflanzerde eingefüllt (i); das Gehege erinnert ein wenig an ein Hochbeet. Nun wird der Außenbereich mit Erdwällen, Steinen und Pflanzen ausgestattet (j). Stellenweise werden Kräuter- und Blumensamen eingebracht, die (im Herbst) noch keimen werden (k). Mit der Holzumrandung ist der Gehegebau nun abgeschlossen (l). Falls notwendig kann ein Netz oder Draht angebracht werden.

X

Pflanzen

Idealerweise sollte im Freigehege eine großzügige Mischung aus Futter- und Gehegepflanzen vorhanden sein. Dabei wird eine gewisse Anzahl an Futterpflanzen benötigt, um eine möglichst abwechslungsreiche bzw. sogar eigenständige Ernährung zu gewährleisten. Möchte der Schildkrötenhalter zusätzliche bzw. weitere Pflanzen anbieten, werden diese oft außerhalb des Geheges angepflanzt. Das hat den großen Vorteil, dass man das Futter nicht an ungeeigneten Stellen (landwirtschaftlich stark belastete Wiesen und Felder, Straßen, ehemaligen Eisenbahnstrecken, geschlossene Industriegebiete, Naturschutzgebiete etc.) pflücken muss.
Die meisten Pflanzen (mit Ausnahme von Mischungen) lassen sich gut in einer Saatschale etc. zum Keimen bringen. Anschließend werden die wenige Zentimeter kleinen Pflänzlein vereinzelt (pikiert) und in einen Blumentopf gesetzt. An geschützter Stelle (z. B. im Frühbeet oder im Gewächshaus) lassen sich beispielsweise Malven sehr gut vorziehen. Später werden die groß gewachsenen Pflanzen dann direkt in den Garten oder in das Gehege gesetzt.

Bei Gehegepflanzen handelt es sich um meist größer werdende bzw. schutzbietende Pflanzen, die nicht unbedingt als Nahrung in Frage kommen, jedoch ungiftig sein müssen. Es kommen winterharte und ausdauernde Arten in Betracht, die nicht jedes Jahr erneut wieder austreiben müssen. Solche Pflanzen bieten bereits kurz nach der Winterstarre Schutz, in dem sich die Tiere darin bzw. darunter verstecken können.

Bei der Auswahl von Futter- und Gehegepflanzen sollte der Halter die Gehegegröße bzw. Größe der Schildkröten entsprechend berücksichtigen. So wären beispielsweise sehr großwerdende Pflanzen und Sträucher in einem kleinen Jungtiergehege eher nicht geeignet.

In einem Buch, welches sich speziell mit dem Thema Gehege beschäftigt, sollten geeignete Pflanzen nicht fehlen. Bitte haben Sie jedoch Verständnis dafür, dass es sich auf den folgenden Seiten bewusst um eine nur kleine Auswahl handelt. Weitere Pflanzen und Informationen dazu erhalten Sie in speziellen Büchern (vgl. „Der Schildkröten-Gärtner“, Band 2 der vorliegenden Reihe) sowie auf den Internetseiten der Autoren.

10.1 Futterpflanzen

Gewöhnlicher Löwenzahn

(Taraxacum officinale)

Die wohl bekannteste Schildkröten-Futterpflanze ist der Löwenzahn. Blätter, Blüten und Stängel der Pflanze können gefressen werden. Nehmen Sie doch einmal eine Pusteblume zur Hand und lassen Sie die Samen in einem kleinen Topf etc. keimen. Anschließend lässt sich die Pflanze sowohl für kleine als auch große Gehege verwenden. Sollte der Schildkrötenhalter Löwenzahn im Überfluss haben, können die Blätter an sonnigen Tagen getrocknet und anschließend in einem Jutesack o. Ä. trocken und dunkel aufbewahrt werden. Von daher ist diese Pflanze auch sehr geeignet für das selbstgemachte Kräuterheu, welches vor allem in den Sommermonaten ab Juli verfüttert werden sollte (vgl. Natur als Vorbild bzw. Verfügbarkeit solcher Pflanzen in den natürlichen Vorkommensgebieten).

Brennnessel

(Urtica dioica)

Die zarten Blätter der Brennnessel werden von vielen Schildkröten gerne gefressen. Auch für zahlreiche Insekten stellt die Brennnessel eine wertvolle und wichtige Pflanze dar. Einmal im Gehege oder Garten ansässige Brennnesseln lassen sich jedoch nur schwer wieder entfernen. Von daher sollte man viel Platz im Gehege für diese Pflanze vorhalten. Nimmt die Pflanze überhand, lässt sie sich bequem abschneiden und trocknen. Manche Schildkröten fressen jedoch bloß die angewelkten oder getrockneten Blätter. Das Kalzium-Phosphor-Verhältnis ist sehr gut. Dennoch sollte der Halter nicht auf Sepiaschale oder Algenkalk verzichten, um den Bedarf seiner Tiere an Kalzium zu decken. Aufgrund der Größe der Pflanze ist die Brennnessel für kleine Jungtiergehege nicht geeignet.

Wegerich

(Plantago spp.)

Innerhalb der Familie der Wegerichgewächse gibt es einige als Schildkrötenfutter geeignete Pflanzen. Hierunter gehört der Spitzwegerich *(Plantago lanceolata)*, der Mittlere Wegerich *(Plantago media)* und der Breitwegerich *(Plantago major)*. Aber auch der etwas weniger bekannte Flohsamen-Wegerich *(Plantago ovata)*, der auch als Indischer Wegerich bezeichnet wird, ist eine beliebte Futterpflanze. Auch der früher häufig als Wildsalat angebaute Hirschhorn-Wegerich *(Plantago coronopus)* eignet sich als Futter für unsere Schildkröten. Alle Blätter der zuvor aufgezählten Wegerich-Arten können entweder als Frischfutter oder als Trockenfutter verfüttert werden. Auch im Schildkrötengehege aller Altersklassen sind diese Pflanzen eine wertvolle Ergänzung.

Weißklee

(Trifolium repens)

Unter diversen Kleearten hat sich der Weißklee in der Schildkrötenernährung am besten bewährt. Aufgrund des hohen Eiweißgehalts sollte man diese Pflanze entsprechend dem Bedarf der Tiere (z. B. nach der Winterstarre im Frühjahr) sparsam füttern. Aber auch als Kräuterheu lässt sich diese Futterpflanze gut verwenden und im Sommer verfüttern. Klee wächst im Gehege sehr stark, weshalb ihn manche Schildkrötenhalter lediglich in Saatschalen, Blumenkästen etc. aussäen.

Gewöhnliches Gänseblümchen

(Trifolium repens)

Zahlreiche Beispiele zeigen, dass wir für die Ernährung unserer Schildkröten stets die möglichst „ursprüngliche" Form einer Pflanze verwenden sollten. Und so wäre das Gewöhnliche Gänseblümchen, welches z. B. auf Wiesen oder auf dem Rasen wächst dem „Baumarkt-Gänseblümchen" vorzuziehen. Sowohl die Blätter als auch die Blüten sind als Futter geeignet, auch wenn nicht alle Schildkröten gleichermaßen diese Pflanze als Futter annehmen. Aufgrund der kompakten Größe ist das Gewöhnliche Gänseblümchen vor allem für kleine Jungtiergehege sehr geeignet.

Taubnessel

(Lamium spp.)

Zu den häufigsten Taubnessel-Arten zählen die Weiße Taubnessel *(Lamium album)*, die Goldnessel *(Lamium galeobdolon)* und die Rote Taubnessel *(Lamium purpureum)*. Vor allem im Frühjahr ist diese Pflanze vermehrt anzutreffen und sorgt für ein gutes Futter unserer Schildkröten.

Klatschmohn

(Papaver rhoeas)

Die zarten Blätter und Blüten des Klatschmohns sind bei Landschildkröten sehr begehrt und kommen deswegen oft nur in sehr großen und strukturierten Gehegen zur Blüte. Eine Rankhilfe oder ein Platz an einer Legesteinmauer etc. ist häufig für ein Wachstum von Vorteil, damit diese Pflanze im Schildkrötengehege nicht von den Tieren umgeknickt wird.

Knoblauchsrauke

(Alliaria petiolata)

Bereits im Frühjahr ist diese Pflanze recht häufig anzutreffen. Von daher ist sie eine beliebte Futterpflanze direkt nach der Winterstarre. Zunächst sind die Blätter halbrund, mit zunehmendem Wachstum nehmen die Blätter eine dreieckige Form an. Selbst in einem kleinen Jungtiergehege ist diese Pflanze gut aufgehoben, wenn man ggf. zu hohe Triebe auf die gewünschte Höhe einkürzt.

Gemüse-Gänsedistel

(Sonchus oleraceus)

Die Gattung der Gänsedisteln *(Sonchus)* beinhaltet für unsere Schildkröten zahlreiche Arten, die wertvolles Futter bieten. Neben der Gemüse-Gänsedistel *(Sonchus oleraceus)* ist die Acker-Gänsedistel *(Sonchus arvensis)* unter Schildkrötenhaltern aufgrund der weichen Dornen sehr beliebt. Das bezieht sich vor allem auf noch recht junge Pflanzen (bis zur Blüte). Je länger die Pflanze jedoch am Standort belassen wird, desto stacheliger werden die Blätter. Auf Grund der Wachstumshöhe sollte diese Pflanze in einem (meist niedrigen) Jungtiergehege ein wenig gekürzt werden bzw. nicht in der Nähe der Gehegebegrenzung (Ausbruchsversuche) belassen werden. Für das Kräuterheu ist diese Pflanze sehr gut geeignet.

Gemeine Wegwarte

(Cichorium intybus)

Beinahe das ganze Jahr über ist die Wegwarte eine verfügbare Futterpflanze. Die Blätter und Blüten werden dabei sehr gerne gefressen. Aber auch die Stängel werden von großen Schildkröten regelrecht „abgenagt". Diese Futterpflanze lässt sich sehr gut in Blumenkästen oder anderen Gefäßen kultivieren, um frische Blätter zu verfüttern bzw. Kräuterheu herzustellen. Falls das hohe Wachstum der Stängel mit den Blüten im Jungtiergehege nicht gewünscht ist, lassen sich diese bequem abschneiden, bevor diese sich unter einem Schutzdraht etc. verkrauten.

Malven

(Malva spp.)

In der Schildkrötenhaltung sind Malven sehr beliebte Pflanzen. Blätter und Blüten dienen als Futter. Außerdem werden Malven gerne im Gehege ausgepflanzt. Die hübschen Blüten sind nicht nur ein regelrechter Hingucker, sie sind ebenso für zahlreiche Insekten eine wichtige Nektarquelle. Zu den mehrjährigen Arten, die sogar im Garten bzw. im Gehege überwintern, zählen die Wilde Malve *(Malva sylvestris)*, die Wegmalve *(Malva neglecta)* und die Moschusmalve *(Malva moschata)*. Als Kulturpflanzen, die in Bezug auf Blüten und Blätter sehr ausgeprägt sind, zählen die Quirl- oder Gemüse-Malve *(Malva verticillata)* und die Kulturmalve *(Malva meluca)*. Diese sind deutlich ertragreicher, was die Blüte und die Blätter anbelangt. Zu den weiteren Sorten, die z. B. besonders hübsche Blüten entwickeln, zählt die Zebra-Malve (*Malva sylvestris „Zebrina"*).

10.2 Gehegepflanzen

Echter Lavendel

(Lavandula angustifolia)

Gerade mediterrane Pflanzen bringen ein schönes Flair in den heimischen Garten bzw. in das naturnah eingerichtete Schildkrötengehege. Landschildkröten nutzen diese als schutzbietende bzw. schattenspendende Pflanzen.

Durch die im Lavendel enthaltenen ätherischen Öle wird diese Pflanze häufig als „natürliche Panzerpflege“ empfohlen (von einer Verwendung der im Handel angebotenen Pflege-Präparate soll an dieser Stelle abgeraten werden). Auch wenn Landschildkröten Lavendel wohl kaum fressen bzw. als Futterpflanzen nutzen, sollte man entweder biologisch erzeugte Pflanzen in das Gehege setzen oder zumindest eine mehrwöchige „Quarantäne“ außerhalb des Geheges einhalten. Es geht hierbei nicht um Dünger, der sich in der Erde bzw. in den Pflanzenteilen befindet. Vielmehr geht von ggf. mit Pflanzenschutzmitteln (gegen Pilze, Insekten, Schnecken, Unkraut etc.) behandelter Ware ein Problem aus.

Rosmarin

(Rosmarinus officinalis)

Rosmarin ist eine sehr beliebte Gehegepflanze, die von Schildkrötenhaltern häufig im Freigehege eingepflanzt wird. Vor allem für die direkte Pflanzung im Frühbeet oder Gewächshaus ist Rosmarin sehr geeignet, da diese Pflanze mit den sehr warmen Temperaturen und dem eher trockenem Substrat sehr gut zurechtkommt. Zudem wird der Halter „gezwungen“ den im Frühbeet oder Gewächshaus angepflanzten Rosmarin regelmäßig zu gießen, was zusätzlich dem meist zu trockenem Bereich unserer Schildkröten zugutekommt. Außerdem lässt sich der Rosmarin sehr gut durch Beschnitt in der Höhe regulieren, was vor allem für kleine Außengehege für Jungtiere oder niedrigem Frühbeet von Vorteil ist.

Wählt man dem im Handel für unsere Küche angebotenen Rosmarin, so kann man davon ausgehen, dass dieser nach Lebensmittelstandard kultiviert wurde und somit direkt in das Freigehege (ohne Einhaltung einer „Quarantäne“) gesetzt werden kann. Allerdings sind diese Pflanzen manchmal nur bedingt winterhart und müssen daher ggf. im Winter vor zu kalten Temperaturen bzw. Frost geschützt werden.

Hibiskus

(Hibiscus spp.)

Beim Hibiskus handelt es sich um eine Pflanzengattung aus der Familie der Malvengewächse. Vor allem der winterharte „Garten-Hibiskus“ *(Hibiscus syriacus)* ist in zahlreichen Schildkrötengehegen anzutreffen. Schildkröten fressen die heruntergefallenen bzw. durch den Halter gepflückten Blüten. Aber auch die Blätter (besonders die zarten Blätter im Frühjahr) werden von manchen Tieren gefressen.
Nach dem Kauf sollte diese Pflanze weder direkt in das Gehege noch Blüten oder Blätter verfüttert werden, da während der Kultur häufig verschiedene Pflanzenschutzmittel verwendet werden. Manchmal werden die Blätter mit Glanzsprays versehen oder die Pflanzen mit chemischen Mitteln behandelt, die das Wachstum beeinflussen. Beim Zimmer-Hibiskus *(Hibiscus rosa-sinensis)* handelt es sich um eine nicht winterharte Pflanze, die häufig als Zierpflanze für die Wohnung angeboten wird. Auch hier sind die Blüten (ggf. erst nach einer „Quarantänezeit“) als Futter geeignet. Die Blätter werden in der Regel nicht gefressen.

Fingerstrauch

(Potentilla fruticosa)

Dieser Strauch bleibt sehr kompakt und wächst nur sehr langsam. Er eignet sich ideal um Blickbarrieren im Schildkrötengehege zu bilden. Ab Juni bilden sich gelbe Blüten. Es gibt auch Zuchtformen des Strauches mit weißen oder roten Blüten.

Palmlilie

(Yucca)

Bei der Palmlilie, die oft auch bloß als „Yucca-Palme“ bezeichnet wird, handelt es sich um eine stark verholzte Pflanze, die im Schildkrötengehege sehr attraktiv wirkt. Manche Schildkröten verstecken sich direkt unter den festen Blättern. Hat sich die Pflanze ein paar Jahre in der Erde etabliert, bilden sich im Sommer Blütenstände, die aus dem Innern der Pflanze herauswachsen. Die weißen Blütenblätter werden sogar von manchen Schildkröten gefressen. Aufgrund der Höhe und des Platzbedarfes am Boden (ca. 1 m^2) sollte die Palmlilie jedoch nur in größeren Gehegen angepflanzt werden. Der genaue Standort sollte ebenso gut durchdacht sein. In der Nähe der Gehegeumrandung, direkt am Frühbeet oder Gewächshaus etc. ist diese große Pflanze nicht gut aufgehoben. Ein späteres Umsetzen der Pflanze funktioniert aufgrund der langen Wurzeln nicht immer.

Zwerg-Kiefer
(Pinus pumila)

Diese strauchartige Pflanze wird oft auch als Kriech-Kiefer bezeichnet. Aufgrund der geringen Größe bzw. des langsamen Wachstums eignet sich diese Pflanze sehr gut für (größere) Gehege als schutzbietende Pflanze.

10.3 Saatmischungen

Prächtig entwickelte „Futterwiese".

Für die Auswahl der Sämereien sollten nur Pflanzen verwendet werden, die tatsächlich für unsere Landschildkröten unbedenklich sind.

Die Aussaat von Saatmischungen kann entweder in Blumenkästen, direkt ins Gehege oder in Pflanzringen etc. erfolgen.
Häufig ist eine Aussaat direkt in das Schildkrötengehege nicht ganz vielversprechend und ohne Erfolg gekrönt, da die Schildkröten diese kleinen frisch gekeimten Pflänzchen sofort auffressen.
Alternativ dazu müsste man die frisch ausgesäte Fläche die ersten Wochen nach der Keimung schützen – oder eine abgegrenzte Futterwiese errichten. Inzwischen bietet der Handel sehr viele verschiedene Mischungen an.
Bitte achten Sie jedoch darauf, dass diese Mischungen wirklich nur für Schildkröten geeignete Pflanzen enthalten. Von daher sollte man nur solche Produkte kaufen, die entweder speziell als schildkrötentauglich deklariert sind bzw. die enthaltenen Pflanzen komplett aufgelistet und als ungiftig einzustufen sind. An dieser Stelle wird deutlich, dass Mischungen ohne exakte Inhaltsangabe nicht zu empfehlen sind. Für die Urlaubsbetreuung kann solch eine in Blumenkästen etc. ausgebrachte Mischung eine enorme Arbeitserleichterung sein. So kann der Halter sicherstellen, dass während seiner Abwesenheit genügend Futter außerhalb des Geheges vorhanden ist. Auch für das eigene Kräuterheu eignet sich solch eine Aussaat ebenso.

10.4 Giftpflanzen und nicht geeignete Pflanzen

Regelmäßig gibt es im Internet Diskussionen bezüglich der Giftigkeit verschiedener Pflanzen in Bezug auf Landschildkröten. In der Natur mag es durchaus vorkommen, dass Giftpflanzen tatsächlich gemieden werden.
Diese Aussage darf aber nicht dahingehend abgeleitet werden, dass dies auch für – verglichen mit der Natur – relativ kleine Gehege in menschlicher Obhut zutrifft. Zahlreiche Berichte von Haltern belegen, dass es immer wieder zu Vergiftungen kommt, die tatsächlich tödlich enden. Die folgenden Pflanzen sollten unserer Meinung nach auf keinen Fall im Gehege bzw. in der Nähe des Geheges vorhanden sein. Diese Übersicht stellt keinen Anspruch auf Vollständigkeit dar, sondern führt Pflanzen auf, die unserer Meinung nach in Gärten recht verbreitet sind.

Eibe

(Taxus spp.)

Alle Pflanzenbestandteile der Eibe sind giftig. Es liegen tatsächlich Berichte vor, dass Schildkröten nach dem Fressen der Nadeln oder der Früchte gestorben sind. Es sollte unbedingt darauf geachtet werden, dass auch in der Nähe des Geheges keine Eiben stehen. Heruntergefallene Nadeln etc. (durch Sturm oder durch einen Heckenschnitt) stellen eine Gefahr dar. In unmittelbarer Nähe einer Eibe sollten ebenso keine Futterpflanzen gesammelt werden.

Engelstrompete

(Brugmansia spp.)

Nicht nur für uns Menschen wird diese Pflanze als hochgradig giftig angesehen. Auch für Landschildkröten können Blätter und Blüten tatsächlich lebensbedrohlich sein. Da diese Pflanze nicht winterhart ist, wird die Engelstrompete üblicherweise in großen Kübeln etc. aufbewahrt, die das Umquartieren nach dem Winter recht einfach gestalten lässt. Von daher sollte sich der Gartenfreund für diese Pflanze einen Standort weit ab des Schildkrötengeheges suchen. Ein Blick über Nachbars Gartenzaun kann sich zudem lohnen, falls sich auch dort solch eine giftige Pflanze befindet. Durch Wind können Blätter und Blüten nämlich meterweit durch den Garten fliegen.

Maiglöckchen

(Convallaria majalis)

Auch die im Frühjahr anzutreffenden Maiglöckchen sollte der Halter unbedingt aus seinem Gehege entfernen. Diese Pflanze vermehrt sich stark und sollte deswegen komplett ausgegraben werden.

Fingerhut

(Digitalis spp.)

Inzwischen wird in vielen Gärten erfreulicherweise darauf geachtet, dass sich zahlreiche Insekten sehr wohl fühlen. Das Aussäen von Bienenmischungen oder das Pflanzen von insektengeeigneten Stauden ist von immenser Wichtigkeit. An dieser Stelle wird häufig der recht anspruchslose Fingerhut empfohlen, der jedoch für Schildkröten giftig ist. Nicht ohne Grund wird der Fingerhut sogar von Schnecken gemieden.

Jakobs-Kreuzkraut bzw. Jakobs-Greiskraut

(Senecio jacobaea)

Nicht nur in der Landwirtschaft sorgt diese Pflanze für Probleme während der Heuernte. Auch Pferdehalter beklagen die in allen Teilen giftige Pflanze. Sogar der Hautkontakt kann allergische Reaktionen hervorrufen. Daher wird empfohlen stets Handschuhe zu verwenden, um die Pflanze zu entfernen. Anschließend sollte man das Jakobs-Kreuzkraut unbedingt im Restmüll entsorgen (und nicht in die Biotonne werfen).

XI

Unfälle im Schildkröten-gehege

Leider sind Unfälle bei der Begegnung zwischen Hund und Schildkröte gar nicht so selten.

Unfälle mit Schildkröten sind nicht immer – aber oft – vermeidbar. In diesem Kapitel beschreiben wir Szenarien bzw. Vorfälle, die wir oft zu hören oder leider auch in diversen sozialen Medien zu sehen bekommen. Die meisten Unfälle wären wohl vermeidbar gewesen, hätte man sich im Vorfeld besser mit diesen Punkten auseinandergesetzt. Wir beschreiben an dieser Stelle Situationen, die nicht wirklich schön sind. Wir sind jedoch der Meinung, dass wir damit Schildkrötenhalter besser sensibilisieren können.

11.1 Schildkröte und Hund

„Unser Hund macht nix." Ein Spruch, den wir oft in diversen Facebookgruppen oder anderen sozialen Medien zu lesen bekommen. Das trifft in einigen Fällen möglicherweise auch zu. Wir wollen mit diesem heiklen Thema auch

nicht alle Hunde über einen Kamm scheren. Viele Hunde interessiert es oft gar nicht, was jenes seltsame „Panzertier“ da macht. Eventuell wird kurz daran geschnuppert und das war es danach auch.
Ist man dann eine Sekunde abgelenkt, hat sich aus dem anfänglichen Desinteresse an der Schildkröte möglicherweise ein potentielles Kauspielzeug für den Hund ergeben. Denn wenn auch ein Hund jahrelang keinerlei Interesse an den Schildkröten zeigt, ist das immer noch keine Garantie, dass es stets so bleiben wird.
Der Hund möchte nur spielen, für die Schildkröte wird es aber dann lebensgefährlich. Dabei muss es nicht einmal der eigene Hund sein, der sich in die Schildkröte verbeißt. Oft ist es der Hund vom Nachbarn, der über den Zaun gesprungen ist oder der Vierbeiner vom Besuch, der zum sonntäglichen Kaffeeklatsch im Garten sitzt.
Deshalb ist die richtige Planung und Umsetzung eines Freigeheges so wichtig. Die angemessene Größe und eine gute Strukturierung, damit die Tiere sich verstecken können. Sowie eine Umrandung, die hoch genug ist und eventuell zusätzlich gesichert werden muss.
Eigentlich sollte es eine Selbstverständlichkeit sein, die Tiere in ihrem gewohnten Umfeld zu belassen (also im Schildkrötengehege). Die Schildkröten sollten nur zur Fotodokumentation oder sonstigen wichtigen Anlässen (z. B. Fahrt zum Tierarzt, Kontrolle) aus dem Gehege genommen werden. Denn neben der erwähnten Gefahr als Kauknochen zu enden, ist jedes Anheben und Tragen mit Stress verbunden.
Für Katzen stellen Schildkröten kein Beuteschema dar, allerdings können Schlüpflinge für den Stubentiger ein reizvolles Spielzeug verkörpern. Deshalb sollen Freigehege für Nachzuchten insbesondere gegen Prädatoren geschützt werden (siehe Kapitel 14 „Besondere Gehege“).

11.2 Rasenmäher, Rasentrimmer und Rasenroboter

Verletzungen durch Rasenmäher etc. kommen leider häufig vor. Wir können zur Vorbeugung solch schwerwiegenden Verwundungen nur dringend davon abraten, die Tiere aus ihrem gewohnten Umfeld (Freigehege) auf die offene

Grasfläche zu setzen. Einmal entwichen könnte sich die Schildkröte auf den Weg in den Nachbargarten wagen, bei dem ebenso Rasenmäher etc. eine große Gefahr darstellen.

Diese Schildkröte wurde noch rechtzeitig im Garten (unweit eines Schildkrötenhabitats in Griechenland) entdeckt. *Foto: Christos Gavriliidis*

In ihren Habitaten kommen solche Blessuren häufiger vor. Im Sekundärlebensraum (vom Menschen verändertes Primärhabitat) leben die Tiere Tür an Tür mit dem Menschen. Auf unseren Schildkrötenexkursionen auf Mallorca konnten wir frei lebende *Testudo hermanni hermanni* beobachten, die auf dem Englischen Rasen der Hotelanlage umherschlenderten und sich anschließend in die Büsche nahe des Schutzgebietes verzogen.

11.3 Wasserschalen

Ein auf den ersten Blick kein „gefährliches“ Objekt für Landschildkröten, welches aber leider auch zur tödlichen Falle werden kann. Frisches Wasser muss den Tieren immer zur Verfügung gestellt werden.

Wasserschalen sollten der Schildkrötengröße angepasst sein.

Sind die Wasserschalen für Schlüpflinge oder Jungtiere zu groß dimensioniert und sind zu tief, können die kleinen zwar hineinkommen, aber durch den erhöhten Rand besteht die Gefahr, dass sie es nicht mehr schaffen hinausklettern bzw. sogar umkippen. Liegen sie dann auf dem Rücken, bekommen sie durch den glatten Untergrund keinen Griff und können ertrinken.
Abhilfe verschaffen flache Steine oder Schieferplatten etc. in der Schale. Die Wassertiefe wird verringert und die Schildkröten erlangen mehr Griff, falls sie auf den Rücken fallen.

11.4 Sturzverletzungen durch Herumtragen

Wir bereits mehrfach beschrieben ist das Hochheben und Herumtragen auf ein Minimum zu beschränken. Neben dem Stress für das Tier besteht immer die Gefahr, dass die Schildkröte aus Unachtsamkeit fallen gelassen wird. Das gilt für Erwachsene als auch für Kinder.

Diese frisch geschlüpfte Schildkröte wurde im großen Gehege entdeckt und für diesen Zweck „in Sicherheit" gebracht.

Es ist ohnehin schöner, die Tiere in ihrer gewohnten Umgebung im Gehege zu beobachten, als ein zappelndes, verängstigtes Tier auf der Hand zu halten.

11.5 Verletzungen durch Tritte

Diese Gefahr besteht bei größeren Freigehegen (sowie wenn das Tier frei auf der Wiese läuft), aber auch in Jungtiergehegen. Für Arbeiten im gut bewachsenen Schildkrötengehege ist es sinnvoll, feste Wege anzulegen.

Trittsteine, Gehwegplatten oder mit einer Schicht Schotter können Pfade im Gehege gestaltet werden, die der Halter für seine täglichen „Kontrollrunden" nutzt.

11.6 Brandgefahr im Frühbeet/Gewächshaus

Eine große Gefahr für Schildkröten kann eine nicht fachmännisch verlegte Stromversorgung oder leicht brennbare Materialien im Frühbeet/Gewächshaus darstellen.

Ursachen für einen Kurzschluss können sein:

- nicht geeignetes Kabel und Zubehör (z. B. Innenraum-Mehrfachsteckdosen)
- geknicktes und nicht isoliertes Stromkabel
- Isolationsbruch (z. B. durch Alterung)
- durch Überhitzung und nachfolgende Erweichung der Isolation
- menschliches Versagen (z. B. Fehlschaltung)
- provisorische Installationen (z. B. eine nicht abgewickelte Kabeltrommel)

Wir möchten an dieser Stelle nochmals darauf hinweisen, dass die Elektroinstallationen von einem Fachbetrieb ausgeführt werden sollten.
Bitte nehmen Sie Abstand von der Verkettung zahlreicher Mehrfachsteckdosen, von unabgerollten und in Betrieb befindlichen Kabeltrommeln bzw. allgemein einem „chaotischen Kabelsalat".
Benutzen Sie nur geeignete Kabel (für Feuchtraum oder Außenbereich bzw. ummantelte Erdkabel), robuste Steckdosen und Verteilerdosen/Abzweigdosen etc. mindestens IP-Schutzart IP 54 (staub- und spritzwassergeschützt). Auch die Verwendung eines Fehlerstrom-Schutzschalters (RCCB bzw. RCD bzw. früher als FI-Schalter bezeichnet), der direkt im Haussicherungskasten verbaut wird, ist äußerst wichtig.

Beachten Sie zudem die technischen Anforderungen aller Komponenten (Wärmeentwicklung durch falsche Kabel bzw. zu hohen Widerstand, maximale Belastung des Stromkreises bzw. der Steckdosen und Verbraucher) (GEIER 2018).

Aber selbst vom Fachmann angeschlossene Wärmelampen können zur Gefahr für Bewohner des Frühbeetes/Gewächshauses werden. Halogenlampen werden sehr heiß (bis zu 250 °C) und dürfen nicht in Kontakt mit leicht brennbarem Material kommen. Stroh, das viele Halter als Isolationssubstrat in den Schlafhäusern nutzen, können die Tiere morgens beim Herausgehen aus dem Schlafhaus mitschleifen. Sitzt das Tier zum „Sonnentanken" unter der Lampe und das mitgeschleifte Stroh kommt in Kontakt mit der Leuchte, kann dieses tatsächlich in Brand geraten. Wir verzichten daher in unseren Frühbeeten/Gewächshäusern auf leicht entzündliches Material wie z. B. Stroh, Heu etc. (vgl. Kapitel 8 „Technik").

11.7 Hineingefallene Gegenstände im Schildkrötengehege

Ein Schildkrötengehege wächst und verändert sich über die Jahre kontinuierlich. Es gibt immer etwas auszubessern oder zu erneuern. Dabei hantiert der Halter mit Werkzeugen und diversen Kleinmaterialien (Schrauben, Nägel etc.). Rückstände wie ausgewechselte Schrauben, verlorene Nägel, abisolierte Kabellitze etc. können durch Hinunterschlucken der Tiere zur Gefahr werden.

Auch ein einfaches Netz kann schnell zur Gefahr werden.

Abgebrochene Bohrer, defekte Schrauben, Metallspäne etc. sollten sorgfältig aufgelesen werden.

Daher sollte man nicht nur während des Gehegebaus bzw. der Gehegearbeiten heruntergefallene Schrauben, abgeschnittene Kunststoffteile etc. sofort entfernen. Gleiches gilt für Tackerklammern oder Krampen, die an Holzpalisaden oder anderen Gegenständen angebracht sind.

Auch bei der Beauftragung von Handwerkern sollte der Hinweis gegeben werden. So manche heruntergefallene und liegengelassene Kabelisolierung etc. kann eine Gefahr für unsere Tiere darstellen.
Selbst Silvesterrückstände (abgebrannte Raketen, bunte Plastikkappen), die im Frühjahr noch im Gehege liegen, erwecken die Neugierde unserer Panzerträger und unter Umständen werden die kunterbunten Kappen mit einer leckeren Malvenblüte verwechselt.

11.8 Unfälle mit Steinen/Steinformationen im Freigehege und Frühbeet/Gewächshaus

Für die gute Strukturierung und den Nachbau eines natürlichen Habitats im eigenen Garten sind Steine, Wacken, Findlinge und ganze Steinformationen hervorragend geeignet. Die Tiere haben Möglichkeiten ihren Artgenossen aus dem Blick zu gehen und in gebauten Höhlen Unterschlupf zu finden. Das Gestein hat u. a. den Vorteil Wärme aufzunehmen und wieder abzugeben (je nach Gesteinsart mehr oder weniger).

Auch solch ein Strauch im Gehege (hier: Schlingknöterich) kann durchaus eine Gefahr darstellen.

Solche Blumentopf-Teile können verrutschen, Schildkröten einschließen und sich ggf. überhitzen.

Im Frühbeet/Gewächshaus werden relativ flache Steine z. B. als Unterlage direkt unter der Wärmelampe für die Thermoregulierung genutzt.
Unfälle im Schildkrötengehege passieren, wenn Steinformationen nicht sicher verbaut werden und es zum Einsturz kommt.
Ein Verbauen (z. B. Verkleben der Steine mit Silikon oder Mörtel) für ein gefahrloses Betreten der Steinkonstruktionen ist daher äußerst wichtig. Im Frühbeet/Gewächshaus dürfen unter der Wärmelampe nicht zu glatte Steine verwendet werden. Sollte ein Tier unter dem Spot auf den Rücken fallen, muss es sich wieder in kurzer Zeit auf die Füße stellen können. Raue Steine oder ein Sammelsurium von kleineren Steinen, die eine unebene Fläche ergeben, verschaffen Abhilfe.
Vor allem größere Steine (Felsen) sollten so platziert werden, dass Schildkröten nicht zunächst daraufklettern und ggf. später hinunterfallen können.

11.9 Vergiftungen durch Pflanzen

Zu diesem Thema über Vergiftungen von Landschildkröten durch Pflanzen ist leider wenig bekannt. Die meisten Angaben hinsichtlich der Giftigkeit beziehen sich in der Literatur auf Säugetiere bzw. Menschen. Nur die wenigsten Publikationen beschäftigen sich hier mit dem Bezug auf Schildkröten.

In ihren natürlichen Habitaten leben die Tiere in optimalen Verhältnissen und mit einer sehr großen Auswahl an Futterpflanzen. Sie fressen zum Teil gezielt „giftige" Pflanzen, um z. B. übermäßigen Darmparasiten Herr zu werden. Der Unterschied zwischen Heilsubstanz und Gift ist nur eine Frage der Dosierung. Aufgrund der Beschaffenheit von Freigehegen in menschlicher Obhut haben unsere Landschildkröten nicht immer die Möglichkeit dem Urinstinkt der Weidegänger nachzukommen. Deswegen sind sie darauf angewiesen, was ihnen der Halter zum Fressen anbietet. Sie sind es nicht immer gewohnt, selbstständig das Futter zwischen bekömmlichen und toxischen Pflanzen zu unterscheiden.

Generell sollten den Tieren nur Futterpflanzen angeboten werden, die sicher als Futterpflanze vom Halter bestimmbar ist, und die geeignet sind.
Darüber hinaus muss beim Gehegebau darauf geachtet werden, dass keine giftigen Pflanzen, Sträucher, Bäume etc. in der Nähe wachsen (vgl. Kapitel 2.8 „Kleine Auflistung von giftigen Pflanzen" sowie 10.4 „Giftpflanzen und nicht geeignete Pflanzen").

11.10 Naturbruten als „Unfall"

Für jeden Schildkrötenhalter ist es ein toller Augenblick, seine erste Nachzucht im Gehege beobachten zu können. Während vor Jahren das Ausbrüten nur künstlich mit einem Inkubator möglich war und nur vereinzelt Naturbruten schlüpften, haben wir in „Rekordsommern" und dem Einsatz von Frühbeeten/Gewächshäusern mit entsprechender Technik in den letzten Jahren eine wahre Flut von Naturbruten bei vielen Haltern verzeichnet.

Ein weiterer Grund ist die natürliche Gehegegestaltung mit Schotter und Steinen. Durch das großzügige Einbringen von Gestein zum Schaffen verschiedener Klimazonen erreicht man an diesen Stellen eine Erhöhung der Bodentemperatur. In diesen Wärmeinseln (WEGEHAUPT 2013) könnten dann auch Schildkröten schlüpfen. Zudem lassen sich so manche Gelege in einem sehr strukturierten Gehege nicht so einfach finden.
Ein begehrter Ort für die Eiablage – und ein weiterer Grund, warum Naturbruten im Frühbeet/Gewächshaus plötzlich auftauchen – ist direkt unter der Wärmelampe.

Wer keine Naturbruten wünscht, beobachtet sein eierlegendes Weibchen, an welchen Stellen es Probebohrungen vornimmt (oder man hat das Glück und ist bei der Eiablage dabei) und schaut an diesen Plätzen immer wieder nach. Mittlerweile haben Schildkrötenhalter sogar schon Überwachungskameras in Frühbeete/Gewächshäuser oder Gehege installiert, um solche „Unfälle“ zu vermeiden (vgl. Kapitel 8 „Technik“).

Ein verdächtiges Loch in der Erde entpuppt sich als Ausstieg einer frisch geschlüpften Landschildkröte (Naturbrut).

XII Schutz gegenüber Prädatoren

Rabenvögel können tatsächlich eine Gefahr für Schildkröten darstellen – nicht nur Jungtiere sind davon betroffen.

Als Prädatoren werden Tierarten bezeichnet, die davon leben andere Tiere zu erbeuten bzw. zu fressen. Das trifft in erster Linie auf Landschildkröten in deren natürlichen Verbreitungsgebiet zu. Aber auch bei uns in der Haltung gibt es Tiere, von denen eine Gefahr für unsere Schildkröten ausgeht. Das sind hier zwar keine Prädatoren im herkömmlichen Sinne, jedoch geht von bestimmten Tieren tatsächlich eine Gefährdung aus, die wir im Folgenden näher beschreiben möchten.

Zunächst sollte man sich einen Überblick verschaffen, welche Tierarten oder Tier-Gruppen für unsere Europäischen Landschildkröten in Bezug auf eine mögliche Gefährdung in Frage kommen. Wir unterscheiden an dieser Stelle zwischen Vögeln, Nagetieren/Raubtieren sowie Haustieren.

12.1 Vögel

Rabenvögel wie Elster *(Pica pica)*, Aaskrähe *(Corvus corone)* bzw. Rabenkrähe *(Corvus corone corone)* sowie Singvögel wie Eichelhäher *(Garrulus glandarius)* stellen eine Gefahr dar für Schildkröten in deren Habitat als Beute zu enden (BRUEKERS 2005). Auch bei uns in Deutschland sind diese aufgezählten Vogelarten heimisch und können unseren hier lebenden Schildkröten gefährlich werden. Greifvögel wie beispielsweise Mäusebussard *(Buteo buteo)* oder Rotmilan *(Milvus milvus)* können ebenso eine Bedrohung für unsere Schildkröten sein.

Nicht nur Schlüpflinge oder Jungtiere sind dabei gefährdet. Ebenso ausgewachsene Schildkröten können einer Vogelattacke zum Opfer fallen. Meist sind es jedoch schlecht oder gar nicht strukturierte Gehege, bei denen ein Angriff auf ausgewachsene Schildkröten möglich ist. Umso wichtiger ist also die Strukturierung der Freigehege in Bezug auf den Schutz gegen Prädatoren.

Möchte man das Schildkrötengehege mit einem Schutznetz ausstatten, sollte man eine Maschenbreite von 10x10 cm wählen. Damit kann man einen unbeabsichtigten „Vogeltod" vermeiden. Gerade kleine Vögel, die beispielsweise im Herbst durch Samen in das Gehege angelockt werden, verfangen sich schnell in den klassischen Netzen, was es unbedingt zu verhindern gilt. Schließlich gehen von Vögeln wie Amsel, Meise etc. nach unserer Erfahrung keine Gefahr aus.

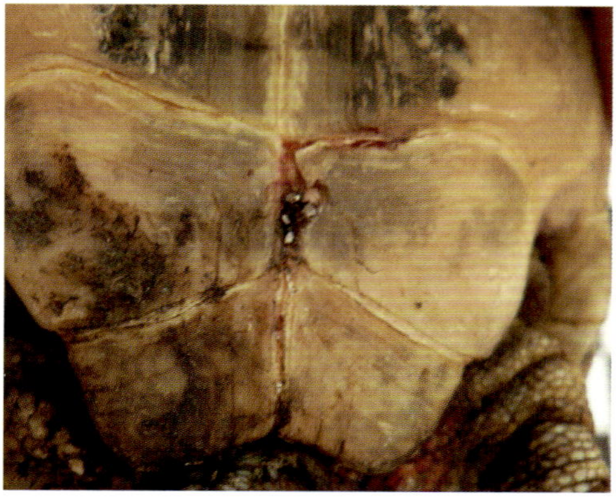

Verletzungen an einer Maurischen Landschildkröte, die durch einen Rabenvogel verursacht wurde.

Die Verwendung eines Volierendrahtes ist ebenso eine geeignete Möglichkeit (kleine Gehege) zu schützen. Um den Garten vor großen Vögeln zu schützen können zusätzlich verschiedene Windspiele, „Flatterbänder" etc. aufgebaut werden.

Uns ist es wichtig darüber zu informieren, dass man keine pauschalen Aussagen zum Thema „Vogelschutz" treffen kann. Es gibt Regionen, in denen man ein Jungtiergehege bloß mit einer guten Struktur, aufgesetztem Holzrahmen mit Totholz etc. tatsächlich schützen kann. Und dann gibt es auf der anderen Seite sehr vogelstarke Gebiete, die es unbedingt erfordern seine Schildkröten sehr aufwändig zu schützen.

12.2 Nagetiere, Raubtiere etc.

Nagetiere wir Ratten *(Rattus)*, Raubtiere wie Marder *(Martes)* und Dachs *(Meles meles)* oder Kleinbären wie Waschbären *(Procyon)* werden regelmäßig als Gefahr für unsere Schildkröten genannt (Buskirk 2009; Dages 2007).

Während man ein Frühbeet oder Gewächshaus noch sehr gut und sicher schützen kann, sind Freigehege hier tatsächlich sehr unsicher in Bezug auf solche Prädatoren. Wichtig ist es also, dass der Schildkrötenhalter jeden Abend kontrolliert, ob seine Tiere tatsächlich im sicheren Schlafquartier (Frühbeet, Gewächshaus etc.) untergebracht sind. Gegen den Angriff von z. B. Ratten am Tage ist man jedoch tatsächlich nicht gefeit.

Wir kennen Aussagen, dass manche Halter glücklicherweise noch nie solch eine Begegnung mit Prädatoren gemacht haben und deswegen die Tiere in einem nicht verschlossenen Frühbeet übernachten.

Im Gehege sollten wir nicht nur unsere Schildkröten im Auge behalten...

Leider kann man dadurch aber keinerlei Garantie erhalten, dass einem nicht doch eines Tages diese trügerische Sicherheit genommen wird.

Ein solcher Weidezaun kann vor verschiedenen Prädatoren (z. B. Marder oder Waschbären) schützen.
Foto: Klaus Henning

12.3 Haustiere

Von Hunden, Kaninchen, Vögeln und weiteren Haustieren kann tatsächlich auch eine Gefahr ausgehen. Viele Hundehalter würden zwar nie davon ausgehen, dass der eigene Hund im Schildkrötengehege Schaden anrichten kann, aber es wird immer wieder davon berichtet.
Solche Bilder von verletzten, angefressenen oder komplett ausgefressenen Panzern möchten wir Ihnen an dieser Stelle jedoch ersparen. Der gut gemeinte Hinweis auf solch eine Gefahr muss genügen.
Eine gemeinschaftliche Haltung mit Kaninchen oder Vögeln ist abzulehnen. Nicht nur die Tatsache, dass Futter- und Gehegepflanzen wohl meist komplett durch Kaninchen etc. aufgefressen werden, spricht gegen eine solche Haltung.

Angenagte Panzer sind gerade bei der Haltung mit Kaninchen ein Problem. Durch Vogelkot verschmutzte bzw. „verätzte" Panzer können ebenso zu einem Problem führen.

Vorbildliche Gehegesicherung gegen einige Prädatoren.
Foto: Melanie Schiebel

12.4 „Diebstahl“ oder vermisste/verschwundene Tiere

Es ist unglaublich wie viele Schildkröten das komplette Jahr über vermisst werden. Oftmals sind es keine Raubtiere oder der Mensch als Dieb etc. Meistens haben sich die Schildkröten im Gehege oder Schutzhaus bloß auf Grund zu heißen Temperaturen im Sommer oder bedingt durch kältere Temperaturen im Herbst vergraben. Die wenigsten Schildkröten werden tatsächlich gestohlen. Ausgebüxte Tiere, die eine Schwachstelle in der Gehegebegrenzung gefunden haben, sind jedoch häufiger als gedacht, wie beispielsweise in der Facebookgruppe „Schildkröte-entlaufen-vermisst-gefunden“ eindrucksvoll nachzulesen (vgl. Quelle auf der nächsten Seite). Hier werden im Jahr hunderte von Schildkröten gemeldet, die entweder vermisst oder aufgefunden wurden. Diese Zahl zeigt deutlich, dass wir als Schildkrötenhalter der Gehegeumrandung bzw. Absicherung noch deutlich mehr Beachtung schenken müssen.

Das Problem bei Schildkröten, die plötzlich frei im Garten umherlaufen, ist vielfältig. Rasenmäher oder Mähroboter stellen eine große Gefahr dar. Aber auch das Durchwandern mehrerer Gärten, das Überqueren von Straßen etc. muss unbedingt verhindert werden (vgl. Kapitel 4 „Umrandungen/ Gehegebegrenzung“).

Diese beiden Landschildkröten haben sich sehr gut in ihrem Gehege versteckt. *Foto: Jeanette Viel*

Praxis-Tipp: Inzwischen gibt es zahlreiche Möglichkeiten der Überwachung. Kabellose und akkubetriebene IP-Kameras schicken das Videosignal auf Smartphone etc. Hiermit können Alarme ausgelöst werden. Um andere Tiere etc. zu dokumentieren eignen sich diese Überwachungskameras ebenso sehr gut.

Was ist zu tun, wenn ein Tier verschwunden ist?

Halter: Zunächst sollte in der Erde des Frühbeetes bzw. Gewächshauses nach den Tieren geschaut werden. Das Graben sollte mit äußerster Vorsicht und am besten mit den Händen erfolgen. Manche Schildkröten graben sich tief in die Erde der Schutzhäuser. Ebenso sollte das Gehege gründlich und ggf. Stück für Stück durchsucht werden. Insbesondere in den Übergangszeiten vergraben sich die Tiere gerne im Freigehege. Das kann vorzugsweise in den Wurzelwerken von Sträuchern und Hecken (siehe Bild) sein, aber auch in Steinhöhlen oder unter feuchten Grassoden. Besonders Schlüpflinge sind schwer auffindbar und sollten aus diesem Grund anfangs in einem kleinen Gehege aufwachsen (vgl. Kapitel 3 „Gehegegröße").

War die Suche nicht erfolgreich, sollte der Halter folgendermaßen vorgehen:

- Nachbarn informieren
- Aushang in Geschäften („Schwarzes Brett")
- Meldung an Gemeinde/Ordnungsamt bzw. Fundbüro
- Meldung an Tierheime, regionale Reptilien-Auffangstationen
- Meldung an die zuständige Artenschutzbehörde (Untere Naturschutzbehörde etc.)
- In diversen sozialen Medien gibt es Gruppen, die sich mit dem Thema beschäftigen. Die Facebook-Gruppe „Schildkröten-entlaufen-vermisst-gefunden" (https://www.facebook.com/Schildkroetensuche) vermittelt schon seit einigen Jahren mit großem Erfolg vermisste Tiere an den ursprünglichen Besitzern wieder zurück. Wer kein Facebook nutzt, kann über die Homepage www.schildkröte-entlaufen-vermisst-gefunden.com Kontakt aufnehmen.

Was kann der Halter vorbeugend tun?

- Eine entsprechend ausreichend hohe bzw. nicht überwindbare Gehegebegrenzung (vgl. „Kapitel 4 Umrandungen/Gehegebegrenzung“
- Ecken in der Umrandung (also 90 Grad-Winkel der Begrenzung) wenn möglich vermeiden bzw. zusätzlich einen Überkletterschutz (Überhang) anbringen.
- „Kletterhilfen“ wie Sträucher, rankende Pflanzen, Steine etc. direkt an der Umrandung meiden
- Bei Haltung mehrerer Tiere die Gruppenzusammenstellung beachten (vgl. Kapitel 5 „Gruppenzusammenstellung“)
- Insbesondere nach dem Winter Kontrolle der Gehegeumrandung auf Schwach- und Schadstellen

Hinweise für den Finder

Läuft einem eine Landschildkröte (oder Wasserschildkröte) über den Weg, sollte der Finder das Tier zunächst auf- und mit nach Hause nehmen und die Schildkröte sicher verstauen (z. B. hohe Kunststoffkiste). Die Frage nach der entsprechenden Schildkrötenart muss geklärt werden, auch schon in Bezug auf eine ggf. heimische Europäische Sumpfschildkröte. Keinesfalls sollte man Fundtiere zu den eigenen Schildkröten dazusetzen (Ansteckungsmöglichkeit verschiedener Krankheiten).

Danach Meldungen an:

- Gemeinde/Ordnungsamt bzw. Fundbüro (Anzeigepflicht nach BGB § 965)
- Tierheime, regionale Reptilien-Auffangstationen
- zuständige Artenschutzbehörde (Untere Naturschutzbehörde etc.)
- Versorgung des Tieres (Verwahrungspflicht BGB § 966) durch den Finder. Ist das nicht möglich, muss das Fundtier in ein Tierheim, eine Auffangstation oder Pflegestelle gebracht werden (Ablieferungspflicht BGB §967)

Zusätzlich sollten die Nachbarn informiert (vielleicht ist darunter ja ein Schildkrötenhalter) und Flyer verteilt werden. Auch eine Meldung an die zuvor erwähnte Facebookgruppe bzw. Homepage sollte erfolgen.

Was darf der Finder NICHT?

- Das Tier wieder aussetzen: Das Aussetzen von Haustieren ist in Deutschland per Gesetz verboten (gemäß § 3 Abs. 3 Tierschutzgesetz (TierSchG))
- Das Tier behalten: Europäische Landschildkröten gehören zu den stark gefährdeten Tierarten und fallen unter das Washingtoner Artenschutzabkommen. Es besteht daher z. B. in Deutschland eine Meldepflicht für Europäische Landschildkröten. Das Fundtier müsste also beim ursprünglichen Besitzer bzw. bei dessen zuständiger Behörde gemeldet sein. Behält ein Finder das Tier, macht er sich somit strafbar, es sei denn, es wird mit der zuständigen Behörde abgeklärt. Danach greift nach 6 Monaten § 973 BGB das Eigentumserwerb des Finders: Mit dem Ablauf von 6 Monaten nach der Anzeige des Fundes bei der zuständigen Behörde, erwirbt der Finder das Eigentum an der Sache. Der Finder kann mit einem von der zuständigen Behörde ausgestellten Überlassungsvertrag das Tier bei sich aufnehmen.
- Das Tier verkaufen (siehe vorheriger Punkt)

Findet sich der ursprüngliche Halter bzw. rechtmäßige Besitzer, ist der Finder verpflichtet (nach BGB §969 Herausgabe an den Verlierer) das Fundtier wieder an den rechtmäßigen Besitzer auszuhändigen. Dabei sollte man sich die entsprechenden Papiere (EG-Bescheinigung, CITES oder Herkunftsnachweis sowie ggf. einer Fotodokumentation) zeigen lassen.
Im Zweifel ist Kontakt mit der zuständigen Behörde aufzunehmen. Für weiterführende Informationen zum Umgang mit Fundtieren verweisen wir auf den Artikel von Hustinx (2019).

XIII

Arbeiten im und am Freigehege nach Jahreszeiten

Das „Grasrupfen“ zählt zu den eher lästigen Gehegearbeiten.

Hat man für seine Lieblinge ein passendes Gehege errichtet und die Tiere sind eingezogen, fallen Arbeiten im und rund um das Gehege an. Europäische Landschildkröten durchlaufen im Jahr verschiedene Phasen, die der Halter bei den Hantierungen im Gehege mit berücksichtigen sollte.
Dieses Kapitel ist gegliedert in die vier Jahreszeiten und startet mit der beginnenden Aktivphase im Frühling.

13.1 Frühling *März, April, Mai*

Im März, wenn die Sonne kräftiger scheint und die Temperaturen langsam steigen, kommt wieder Bewegung in die Überwinterungsgruben bzw. ins Frühbeet oder Gewächshaus. Jetzt hat man noch Zeit, die eine oder andere Aufgabe im Freigehege zu erledigen.

Grasbüschel entfernen

Gras im Gehege ist im Grunde nichts Schlimmes bzw. für die Thermoregulierung stellenweise sogar erwünscht. Zu viele Grasflächen aber lassen die Temperaturen im Gehege sinken. Der Grund ist Verdunstungskälte, die morgens entsteht, wenn die ersten Sonnenstrahlen die nasse Grasfläche erwärmen. Nach einer Gehegeumgestaltung mit Verwendung von Kalkschotter (Kiefer 2020) wurden die Temperaturen morgens auf der neuen Schotterfläche und in der Futterwiese an verschiedenen Stellen gemessen. Der Temperaturunterschied lag zum Teil bei über 6 °C.

Gehegepflanzen zurückschneiden

Idealerweise sollte man Büsche, Hecken oder sonstige Pflanzen im Gehege erst im Frühjahr zurückschneiden, um Insekten oder anderen Tieren das Überwintern im eigenen Garten zu ermöglichen. Das gleiche gilt für Laub bzw. vertrocknetes Pflanzenmaterial.

Im Frühjahr hat die Sonne noch nicht so die Kraft und steht tiefer als in den Sommermonaten. Durch das teilweise Zurückstutzen der Gehegepflanzen wird der Schattenwurf der Pflanzen verringert und die Landschildkröten kommen so schneller auf „Betriebstemperatur“. Das Zurückschneiden der Pflanzungen sorgt meist auch für einen guten Neuaustrieb.

Gehegepflanzen setzen

Wenn noch Bedarf besteht, ist jetzt der richtige Zeitpunkt um weitere Versteckpflanzen als „Schattenspender“ zu setzen. Schildkröten bevorzugen Pflanzen, die einen „lichten“ Schatten werfen. Hervorragend geeignet sind mediterrane Pflanzen, die in ihren Ursprungshabitaten vorkommen und von Schildkröten nicht als Futterpflanze gesehen werden. Dazu gehören wie bereits genannt z. B. Rosmarin, Lavendel, Thymian, Salbei und Ysop.

Tolle Gehege- bzw. Versteckpflanzen sind Büsche, deren Blüten absolute Leckerbissen für Europäische Landschildkröten sind. An dieser Stelle sollen Hibiskus, Wilde Malve, Stockrose, Königskerze und Nachtkerze genannt werden.

Dabei sollte beim Einpflanzen der Gehegepflanzen darauf geachtet werden, das zum Frühbeet/Gewächshaus hin immer kleinere bzw. niedrige Sträucher/ Büsche gesetzt werden. So wird vermieden, das größere Büsche/Gehegepflanzen Schatten bei den ersten Sonnenstrahlen auf Frühbeete werfen. Auf der anderen Seite kann es manchmal vorteilhaft sein, wenn größere Pflanzen im Sommer für Schattenwurf sorgen. Der Hibiskus kann hier als Beispiel genannt werden, da die Blätter erst im späten Frühjahr austreiben. Gleiches gilt für die Feige, die ebenso erst spät für einen Schattenwurf sorgt, jedoch bedingt durch die zu erwartende Größe nur in wirklich großen Gehegen Verwendung finden sollte.

Gehege kalken

Viele Wildkräuter bevorzugen einen Boden mit einem alkalischen PH-Wert zwischen 6,5 und 7,5. Um herauszufinden, welcher PH-Wert der eigene Gartenboden hat, kann man eine Bodenprobe bei einer Gärtnerei etc. untersuchen lassen oder selbst mit Hilfe eines Indikationspapieres ermitteln.

Dabei nimmt man 100 g einer Bodenprobe des Geheges und vermischt dieses mit 100 ml destillierten Wassers (unbedingt destilliertes Wasser verwenden, damit keine verfälschten Ergebnisse durch Benutzung von kalkhaltigem Leitungswasser entstehen). Nach ca. 10 Minuten wird das Indikationspapier in die Flüssigkeit getaucht und der PH-Wert anhand der Verfärbung des Teststreifens abgelesen.

Dolomitkalk bzw. Algenkalk ist für die Ausbringung im Gehege geeignet.

Bei einem sauren Erdreich wird dieser mit reichlich Kalksand (Dolomitkalk) aufgewertet, um den PH-Wert zu steigern bzw. den Boden vor Übersäuerung zu schützen. Hier heißt es: je mehr umso besser! Für die Tiere ist Dolomitkalk völlig unbedenklich (wichtig: kein Brandkalk verwenden!).
Wird das Gehege gekalkt, macht man dies am besten kurz vor einem Regenschauer noch vor der eigentlichen Aktivitätsphase unserer Schildkröten. So rennen einem die Tiere nicht über die Füße und der Kalk kann mit dem Regen in den Boden eingeschlämmt werden.

Ein Hinweis auf die Bodenbeschaffenheit sind sogenannte Zeigerpflanzen. Diese Pflanzen haben hohe Ansprüche an den Untergrund und können nur auf bestimmten Böden gedeihen. Werden diese Merkmale verändert (z. B. durch regelmäßiges und intensives Kalken) verkümmern die Pflanzen und wachsen nicht weiter.

Typische Zeigerpflanzen für saure Böden sind Farne, Sauerampfer, Moos, Sauerklee, Gänseblümchen, Heidekraut oder Ackerminze. Vor allem Moos möchte man im Gehege nicht unbedingt sehen.
Zeigerpflanzen kommen meist in Gruppen vor. Einzeln wachsende Zeigepflanzen deuten also noch nicht auf einen sauren oder kalkhaltigen Boden hin. Das Prinzip der Zeigerpflanzen funktioniert natürlich nicht, wenn man die Pflanzenauswahl selbst durchführt und deswegen stark eingreift(!).

Auswintern der Landschildkröten

Unsere Europäischen Landschildkröten halten ihre Kältestarre geschützt in der Überwinterungsgrube im Schildkrötenhaus/Gewächshaus. Das Auswintern läuft so selbstständig und ist unserer Meinung auch die natürlichste Art der Hibernation. Bei steigenden Temperaturen graben sich die ersten Tiere nach oben und werden langsam aktiv. Das ist dann der Zeitpunkt die Wärmelampen einzuschalten.
Den Tieren werden direkt Wasser und Futterpflanzen zur Verfügung gestellt, die Schildkröten können tagsüber durch die Gehege laufen. Sie entscheiden selbst, wann sie fressen und trinken.

Griechische Landschildkröte in ihrer Überwinterungskiste.

Die Tiere nutzen das angebotene Wasser mit einem ausgiebigen Bad, um den Wasserhaushalt wieder auszugleichen. Schlüpflinge, die ihre erste Winterstarre erfolgreich absolviert haben, kann man nach der Überwinterung in die vorhandene Badeschale setzen, um so den Wasserhaushalt ins Gleichgewicht zu bringen.

Die Tiere werden dann gewogen und einem optischen Gesundheitscheck unterzogen:

- Hat das Tier offene, klare Augen (keine eingefallene, verklebte Augenlider)?
- Ist der Panzer fest, trocken und weist keine Rötungen auf?
- Wie ist das allgemeine Verhalten (aktiv oder apathisch)?

In den ersten Tagen sollte beobachtet werden, ob jedes Tier ans Futter geht. Ein häufig anzutreffendes Gesundheitsproblem nach der Winterstarre ist eine

„Fressunlust“ (posthibernale Anorexie). Ursachen sind eine nicht sachgerecht durchgeführte Winterstarre. Bei zu hohen Temperaturen werden die Stoffwechselfunktionen in Gang gesetzt, was zu Schädigungen der Leberzellen führen kann. Bei gleichzeitiger Unterzuckerung entwickeln die Landschildkröten eine anhaltende Fressunlust (Mittenzwei 2012). In diesem Fall muss dringend ein schildkrötenerfahrener Tierarzt aufgesucht werden.

Bei einer Kühlschranküberwinterung werden die Tiere im Februar/März aus dem Kühlschrank genommen, ins Frühbeet/Gewächshaus umgesetzt und in die Erde des Schutzhauses vergraben. Hier verweilen die Tiere bis die Temperaturen ansteigen und so ganz natürlich aus der Starre erwachen. Danach folgt, wie oben bereits erwähnt, das Anbieten von Wasser und Futter sowie der Gesundheitscheck.
In dieser Zeit ist es sinnvoll, die Fotodokumentation für Europäische Landschildkröten durchzuführen. Die Tiere sind noch nicht so aktiv und können so ohne große Umstände auf Karopapier mit Carapax- und Plastronansicht fotografiert und dokumentiert werden.

Überprüfung der Technik

Nachdem die Schildkröten langsam aus ihrer Starre erwachen und aus der Überwinterungsgrube kommen, sollte die Technik bis dahin überprüft und defekte Teile bzw. Lampen ausgetauscht werden. Die Brenndauer der Lampen wird zu Anfang auf wenige Stunden am Tage beschränkt und sukzessive von Woche zu Woche verlängert. Die Thermozeitschaltuhr wird dementsprechend so programmiert, dass die Lampen morgens um 8 Uhr angehen und in der ersten Woche um 15 Uhr wieder ausgehen. Danach wird jede Woche um eine Stunde bis 17 Uhr verlängert. Die Nachttemperatur sollte auf ca. 12-15°C gehalten werden.

Der Technik sollte selbstverständlich das ganze Jahr über Aufmerksamkeit geschenkt werden.

Nachdem die Schildkröten erfolgreich die Hibernation beendet haben, beginnt sogleich die aktivste Phase im Schildkrötenjahr.
Mit einem reichlich gedeckten Tisch und wärmeren Temperaturen wird der „Wonnemonat" Mai zum biologischen Höhepunkt im Jahr für unsere Europäischen Landschildkröten. Die Tiere werden immer früher aktiver und beginnen nach Erreichen der Vorzugstemperatur frühzeitig mit der Futtersuche. Durch Hormone gesteuert, beginnen Revierkämpfe zwischen den Männchen und das Werben um einen Partner. Die Arbeiten im und am Schildkrötengehege sollten sich jetzt auf ein Minimum reduzieren. Sind nicht genügend Futterpflanzen nachgewachsen bzw. wurden schon gefressen, besteht die Hauptaufgabe des Halters rechtzeitig und in ausreichender Menge Futterpflanzen zu suchen und im Gehege an verschiedenen Stellen zu verteilen. Natürlich sollte immer ausreichend Wasser und Kalk (z. B. in Form von Algenkalk oder Sepiaschalen) zur freien Verfügung stehen. Besonders der Kalk wird in dieser Zeit von den Weibchen gierig aufgenommen.

Eiablageplatz und Bergung der Gelege

Ist noch kein Eiablageplatz im Gehege zur Verfügung und es stellt sich heraus, das Weibchen vorhanden sind, sollte spätestens jetzt mit dem Bau eines Nistplatzes begonnen werden. Auch wenn die Weibchen noch zu jung für eine Eiablage sein sollten, können sich die Tiere schon an diesen Platz gewöhnen (vgl. Eiablegeplatz im Kapitel 6 „Einrichtung").
Die ersten Eiablagen beginnen bei geeigneten Temperaturen bereits Mitte Mai. Bei Steppenschildkröten, die oft bereits im Februar die Starre beenden, kann die Eiablage bereits schon früher stattfinden (Fass 2013). Übrigens kann die Eiablage auch dann erfolgen, wenn keine männlichen Schildkröten vorhanden sind. An dieser Stelle sei angemerkt, dass weibliche Schildkröten den Samen der männlichen Tiere mehrere Jahre speichern können und somit über Jahre hinweg befruchtete Eier legen.
Europäische Landschildkröten sind „Experten" im Verbergen von Eiablageplätzen. Nach dem Ausheben der Grube und der Eiablage wird die Mulde nach dem Zuschütten so gut vom Weibchen getarnt, dass es fast unmöglich ist, diese auf Anhieb zu finden. Aber auch Gelege unter der Wärmelampe im

Eiablage bei einer Griechischen Landschildkröte im Gehege.

geschützten Frühbeet/Gewächshaus sind z. B. keine Seltenheit. Um die Eiablage für den Halter nachvollziehbar zu machen, setzt so mancher Halter mittlerweile Kameras mit Bewegungsmeldern in den Gehegen ein.
Die Bergung des Geleges muss sehr vorsichtig erfolgen. Als Hilfsmittel dient ein großer Löffel, um die Eier vorsichtig auszugraben und mit der Gelegeerde in einen Inkubator zu überführen. Dabei ist ein Drehen der Eier zu vermeiden, da ansonsten der Embryo absterben kann. Wünscht der Halter keine Nachzuchten, so werden die Eier zunächst ausgegraben, aufgeschlagen und anschließend entsorgt.

13.2 Sommer *Juni, Juli, August*

Nachdem im Monat Juni die letzten Eiablagen erfolgt sind, lassen die Aktivitäten der Europäischen Landschildkröten mit steigenden Temperaturen immer mehr nach.
Vereinzelt kommt es zur Ablage der Zweitgelege bzw. die ersten Tiere machen bereits Probebohrungen für das Drittgelege. Die Sonnenbäder und Nahrungsaufnahme erfolgen in dieser Periode meist früh morgens oder am späten Nachmittag. Die restliche Zeit verbringen die Tiere in schattigen Versteckplätzen bzw. unter Hecken und Büschen. Das Nahrungsangebot ändert sich in ihren Habitaten und sollte dementsprechend in den eigenen Freigehegen angepasst werden.

Waren im Frühjahr Futterpflanzen fast im Überfluss vorhanden, reduziert sich das Nahrungsangebot in den heißen Sommermonaten im Ursprungshabitat auf überwiegend vertrocknete Wildkräuter.

Kräuterheu

Für eine natürliche Ernährung in den Sommermonaten mit Kräuterheu werden rohfaserreiche, ausgereifte Wildkräuter gesammelt. Damit die Pflanzen schonend und langsam trocknen können, werden diese locker an einem schattigen Platz mit ausreichender Belüftung ausgelegt oder in Bündeln zusammengeknotet aufgehängt. So bleichen sie nicht aus und behalten ihre grüne Farbe. Anschließend werden sie in einem Pappkarton oder in einem Stoffbeutel gelagert. Die Tiere bekommen so alle zwei bis drei Tage eine Ration Kräuterheu. Im Wechsel zu den selbstgetrockneten Wildkräutern erhalten unsere Tiere in Wasser aufgeweichte Agrobs. Diese Heupellets der Fa. Agrobs haben einen sehr hohen Kräuteranteil von artenreichen Magerwiesen des Alpenvorlandes und werden von unseren Tieren gerne gefressen.

Griechische Landschildkröte beim Fressen selbstgetrocknetem Wildkräuter im Sommer

Landschildkröten, die Kräuterheu nicht gewohnt sind, lassen diese getrockneten Pflanzen oft links liegen.
Hier liegt es am Halter konsequent zu sein und den Tieren immer wieder Kräuterheu anzubieten. Als „Schmankerl" darf dieses Futter mit farbenreichen Blüten angereichert werden.
Für die Herstellung selbstgetrockneter Wildkräuter können fast alle für die Ernährung Europäischer Landschildkröten geeigneten Kräuter verwendet werden.
Natürlich sollte besonders in dieser Jahreszeit immer ausreichend Wasser zur Verfügung gestellt werden, und ggf. mehrmals täglich aufgefüllt werden.

Kontrolle der Temperaturen im Frühbeet/Gewächshaus

In den letzten Jahren sind wir in Deutschland von einem Rekordsommer zum nächsten geeilt. Die Temperaturen lagen zeitweise bei 40 °C und mehr.
Frühbeete bzw. Gewächshäuser heizen sich während dieser Zeit sehr stark auf und können für die Tiere zu einem gesundheitlichen Risiko führen. Schnell können Temperaturen von über 50 °C erreicht werden.
Aus diesem Grund ist es sehr wichtig, vorab entsprechende Gegenmaßnahmen zu ergreifen. Als Standard ist beim Bau eines Frühbeetes/Gewächshauses ein automatischer Fensteröffner mit zu installieren. Je nach Ausführung können auch schwere Deckel angehoben werden. Die Öffnungstemperatur wird bei den meisten Modellen manuell eingestellt.
Eine weitere Maßnahme, um eine Überhitzung im Frühbeet/Gewächshaus zu vermeiden, sind Schilfmatten, Sonnenschirme etc., die als Schattierungen genutzt werden.

Spontane bzw. vorübergehende Schattierung der Frühbeete.

Gesundheitsvorsorge / Entwurmung

Im Juni werden Kotproben der Tiere gesammelt, die ein schildkrötenerfahrener Tierarzt oder ein entsprechendes Labor auf Parasitenbefall hin untersucht. Die sogenannten „Oxyuren" sind die am häufigsten vorkommenden Parasiten. Findet der Halter keine frische Kotprobe, kann ein lauwarmes Bad der Tiere erfolgen. Leben mehrere Schildkröten in einem Gehege, so wird von jedem Tier eine Kotprobe genommen und als Sammelprobe verwendet. Ein ggf. positiver Befund auf Parasiten sollte anschließend mit dem Tierarzt besprochen werden. Gleiches gilt für das entsprechende Medikament bzw. die Dosis sowie eine evtl. Wiederholung der Gabe.

Die Gesundheitsvorsorge ist ein wichtiger Faktor in menschlicher Obhut.

13.3 Herbst *September, Oktober, November*

Im September, wenn die Sommerhitze so langsam abklingt, werden die Schildkröten wieder aktiver. Im Spätsommer finden nochmals zum Teil Revierkämpfe und Paarungsaktivitäten statt.

Die zunehmenden Regenfälle lassen die Wildkräuter nochmals sprießen und die Tiere nehmen die frischen, austreibenden Pflanzen gerne an. Während tagsüber noch angenehme Temperaturen herrschen, gehen nachts die Temperaturen empfindlich zurück.

So langsam beginnen die Vorbereitungen zur Winterstarre. Sinkende Temperaturen und verkürzte Tageslichtdauer veranlassen die Tiere weniger Nahrung aufzunehmen. Anfang/Mitte Oktober ziehen sich einige Tiere schon langsam zurück, andere verbringen noch einige Stunden unter den wärmenden

Lampen. Dies zählt alles zur Vorbereitung der Winterstarre. Erst bei konstanten Temperaturen von 5–6 °C beginnt die eigentliche Hibernation.

Letzte Arbeiten im Gehege

Vor dem Winter werden noch letzte Arbeiten im Gehege erledigt. Um Insekten einen Überwinterungsort zu bieten, werden nicht alle Pflanzen zurückgeschnitten. Lediglich Pflanzen wie Fette Henne oder Kapuzinerkresse sollten zurückgeschnitten werden, weil diese beim ersten Frost „matschig" werden. Neue Gehegepflanzen (winterhart) werden gepflanzt und Grasbüschel entfernt. Anfang/Mitte Oktober werden die Gehege bei Bedarf wiederholt großzügig gekalkt.

Aussaat von Futter- und Gehegepflanzen

Jetzt ist die Zeit zur Aussaat sogenannter „Kaltkeimer", die einen Kältereiz benötigen, um zu keimen. Geeignete Kaltkeimer für Europäische Landschildkröten als Futterpflanze und Versteckpflanze sind z. B. Gewöhnliches Leinkraut, Mädesüß, Große Klette, Kletten-Labkraut, Mittlerer Wegerich, Stockrose, Breitwegerich, Fetthenne, Knoblauchsrauke, Lungenkraut, Ysop, Lavendel, Schafgarbe, Königskerze, Kornblume, Frauenmantel, Rosmarin, Odermennig und Mohn. Es bedeutet aber nicht zwangsläufig, dass diese Pflanzen nur nach einer Kältezeit keimen. Manche kann man auch im Sommer aussäen.

Gesundheitskontrolle

Bevor die Tiere ihre Winterstarre abhalten, werden sie nochmals einem Gesundheitscheck unterzogen. Nur gesunde Tiere dürfen eine reguläre Winterstarre halten. Haben sich in letzter Zeit Auffälligkeiten ergeben, sind die Tiere einem schildkrötenerfahrenen Tierarzt vorzustellen.

Für einen Gesundheitscheck dürfen die Tiere selbstverständlich vorsichtig in die Hände genommen werden.

Erst nach Rücksprache mit dem Tierarzt können dann die Tiere in die Starre überführt oder müssen bei Medikamenteneinnahme künstlich in einem Innengehege aktiv gehalten werden. Ob die Tiere danach eine verkürzte Starre halten, muss mit dem Tierarzt abgesprochen werden.

Aspekte der optischen Überprüfung

Augen: Sind diese klar und frei von Schwellungen und Entzündungen? Sie sollen nicht eingefallen in den Höhlen liegen.

Nase: Keine „laufende Nase". Bei dauerhafter Sekretausscheidung muss das Tier vom Tierarzt untersucht werden. So sind Mykoplasmen hoch ansteckend und nicht heilbar. Betroffene Tiere müssen vom Bestand separiert werden; ebenso sind die übrigen Tiere zu überprüfen.

Panzer: Muss fest sein und darf keine Risse oder offene Stellen haben. Bei offenen Stellen sollte ein schildkrötenerfahrener Tierarzt zu Rate gezogen werden, da eine Panzernekrose o. Ä. ausgeschlossen werden muss.

Gliedmaßen: Die Beine sollten frei von Entzündungen sein und das Tier sollte ohne Probleme gehen können. Die Kloake sollte sauber sein (kein übelriechender Ausfluss).

Maul: Auch hier sollte auf Entzündungen am Maul und besonders auf der Innenseite und der Zunge geachtet werden. Gelbliche Ablagerungen auf der Zunge können auf Erkrankungen hinweisen und müssen unverzüglich vom Tierarzt abgeklärt werden.

Überwinterungsgrube mit Laub füllen

Halten die Landschildkröten in einer Überwinterungsgrube ihre Winterstarre, wird diese zur besseren Isolierung mit Laub aufgefüllt. Oft genutzt wird Buchenlaub, aber auch Eichenlaub ist geeignet.

Überwinterungsgrube im Schildkrötenhaus (vgl. Fotos auf den Seiten 122 und 123).

Überprüfung der Technik

Wie im Frühjahr wird auch im Herbst die Technik auf Funktionalität überprüft. Deckelheizung, Elsteinstrahler oder eine Gewächshausheizung werden mittels Thermostat so eingestellt, dass die Geräte anspringen, bevor in der Grube Minustemperaturen erreicht werden.

Kühlschranküberwinterung

Liegen die Temperaturen tagsüber dauerhaft bei ca. 5 °C werden die Tiere Ende November/Anfang Dezember in einen bereits vorbereiteten und vorgekühlten Kühlschrank überführt. Dieser sollte, schon aus hygienischen Gründen, nur die Schildkröten beherbergen. Eine Woche vor der Überführung werden Kühlschrank und Technik in einem Probelauf überprüft und auf Fehler (Funktionalität Thermostat etc.) geachtet. Das Schildkrötensubstrat besteht, wie bei der Überwinterungsgrube, aus Erde und einer Isolierschicht. Als Isoliermaterial kann hier wieder verschiedenes Laub verwendet werden. Auf Stroh sollte allerdings wegen der Schimmelgefahr bei der Kühlschranküberwinterung verzichtet werden. Alternativ kann hier Sphagnummoos genutzt werden, das Feuchtigkeit sehr gut aufnimmt und wieder abgibt.

Aber auch hier muss darauf geachtet werden, dass das Substrat nicht zu feucht ist, da bei zu feuchter Überwinterung Pilzbefall oder Panzerröte drohen. Auch an dieser Stelle möchten wir die Steppenschildkröte aufführen und darüber informieren, dass diese auf nahezu trockenem Substrat bzw. Isoliermaterial überwintert werden sollte.

Weitere Überwinterungsorte sind Lichtschacht, Keller oder auch Garage. Hier sollte man aber ein besser noch zwei Winter ohne Tiere die Orte mit entsprechender Technik und Substrat „zur Probe laufen lassen“ und auswerten, ob diese Orte für eine geregelte und vor allem sichere Überwinterung taugen.

13.4 Winter *Dezember, Januar, Februar*

Die ruhige Zeit für unsere Europäischen Landschildkröten ist auch die ruhige und entspannte Zeit für Halter. Die Aufgaben in dieser Zeit beschränken sich im Wesentlichen auf die Kontrolle von Temperaturen und Substratfeuchtigkeit, sowie ggf. die Kontrolle der Tiere während der Winterstarre.

Überwinterungsgrube

Starren die Tiere in einer Überwinterungsgrube im Frühbeet bzw. Gewächshaus reicht die Kontrolle der Temperaturen. Mit einem Datenlogger und den entsprechenden Sendern können die Temperaturen bequem im Wohnzimmer kontrolliert werden. Ein Datenlogger speichert darüber hinaus je nach Einstellung die Temperaturen in einem bestimmten Rhythmus (z. B. alle 30 Minuten). So können dann auch die nächtlichen Temperaturen verfolgt und bei Bedarf die Einstellungen der Heizung angepasst werden. Wer es nicht ganz so technisch überwachen möchte, für den ist ebenso ein einfaches Funkthermometer geeignet. Alle zwei bis drei Wochen sollte eine Sichtkontrolle der Überwinterungsgrube erfolgen (falls diese zugänglich ist und nicht von außen durch den Halter mit Luftpolsterfolie etc. verpackt und verschlossen wurde).

Ob die Schildkröten während der Winterstarre überprüft werden sollen, muss der Halter für sich selbst entscheiden.

Zu dieser Zeit ist eine Überprüfung der Tiere im Frühbeet nicht möglich bzw. nicht zu empfehlen.

Unsere Meinung lautet, dass eine regelmäßige Kontrolle (alle 4-6 Wochen) nicht schadet, denn so manch eine erkrankte Schildkröte wurde erst durch eine Sichtkontrolle entdeckt (z. B. „roter“ Bauchpanzer, Fremdkörper im Auge, massiver Wurmbefall an der Kloake bzw. Schwanz, Schimmelbefall).

Überwinterung im Kühlschrank

Bei der Überwinterung der Tiere im Kühlschrank ist der Arbeitsaufwand geringfügig höher. Die Überwachung der Temperaturen im Inneren des Kühlschrankes erfolgt mittels Thermostat. Beim Probelauf vor der eigentlichen Überwinterung wird überprüft, ob der Kühlschrank die eingestellte Temperatur konstant hält. Damit bei Störungen die Schildkröten aus Versehen nicht „tiefgefroren“ werden, hat sich der Einsatz eines Universalthermometers (UT-200 bzw. UT-300) bewährt. Dieses Thermostat unterbricht die Stromzufuhr zum Kühlschrank, sollte die Temperatur unter die eingestellte Temperatur von z. B. 3 °C fallen.

Da durch die Verdunstungskälte des Kühlschrankes dem Substrat Wasser entzogen wird, ist es wichtig, die Feuchtigkeit der Erde und des Laubs zu überprüfen und ggf. nachzufeuchten (nicht so bei Steppenschildkröten). Wichtig hierbei ist, das Substrat nur leicht anzufeuchten.

Zwei- bis dreimal pro Woche wird die Kühlschranktür für wenige Sekunden (z. B. 20 Sekunden) zum Luftaustausch geöffnet.

Immer wieder wird in diversen Foren und in Gruppen sozialer Medien gefragt, ob die Tiere in der Starre gewogen werden sollen. Wir wiegen unsere Tiere schon seit Jahren nicht mehr. Bei einer relativ natürlichen Überwinterung in einer Überwinterungsgrube und konstanten Temperaturen nehmen gesunde Tiere – wenn überhaupt – kaum ab. Bei einer Kühlschranküberwinterung kann es sein, dass bei zu trockenem Substrat die Tiere mehr abnehmen. Während vor Jahren die Meinung vorherrschte das ein Gewichtsverlust von bis 10% noch in Ordnung ist, sind wir der Meinung, dass maximal 5 % Gewichtsverlust tolerierbar ist.

Wer sich unsicher ist und seine Tiere trotzdem wiegen möchte, sollte dies nur alle vier bis sechs Wochen tun.

XIV

Besondere Gehege

Dieses Freigehege für Jungtiere der Breitrandschildkröten ist vorbildlich angelegt und mit einem robusten Drahtgeflecht gegen Prädatoren gesichert. *Foto: Kathi Horn*

In diesem Kapitel geben wir einen Überblick über besondere Freigehege und deren Einrichtung, die aber wieder eines gemeinsam haben: Eine möglichst naturnahe Gehegegestaltung und notwendige Technik zur Thermoregulierung.

14.1 Freigehege für Nachzuchten

Juvenile Landschildkröten sind nach dem Schlupf in ihrem natürlichen Lebensraum wie ihre Elterntiere auf Sonne, Thermoregulierung und nächtliche Temperaturabsenkung für ein gesundes Wachstum angewiesen. Daher sollte es für uns Halter eine Selbstverständlichkeit sein, Schlüpflinge von Anfang an in einem naturnahen Freigehege mit entsprechender Technik zu halten. Das Gehege wird demnach fast ebenso aufgebaut und eingerichtet, wie das Freigehege der adulten Tiere.
Einige Unterschiede gibt es aber dennoch zu beachten:

Das Gehege sollte zunächst nicht zu groß gebaut werden, da die Tiere dann nur schwer auffindbar sind. Eine Größe von 1,5–2 qm (zzgl. Frühbeet) ist für den Anfang vollkommen ausreichend. Allerdings sollte immer die Option bestehen, das Gehege in den Folgejahren erweitern zu können.
Wenn möglich wird das Gehege so angelegt, dass von allen Seiten problemlos daran gearbeitet werden kann. In den ersten Jahren leben die Jungtiere versteckt im dichten Gestrüpp und/oder Pflanzenfilz.
Damit sich Panzer und Knochen richtig entwickeln, müssen sie genügend UV-B Strahlen aufnehmen. Erst durch die dann stattfindende Vitamin-D3-Synthese wird Kalzium in Knochen und Panzer eingelagert. Optimal wäre es daher ein entsprechendes Frühbeet mit Alltop-Verglasung anzubieten oder ggf. eine UV-Lampe im Frühbeet anzuschließen.

Für die verborgene Lebensweise in den Anfangsjahren brauchen die Schlüpflinge mehr an Versteckmöglichkeiten und Pflanzenflächen als adulte Tiere. Das in diesen Flächen oder diesem Filz entstehende feuchtwarme Mikroklima ist für einen glatten Panzerwachstum in den ersten Jahren extrem wichtig. Für feuchte Ruheplätze im Frühbeet sorgen winterharte Pflanzen, die mit wenig Wasser auskommen (z. B. Rosmarin, der sich zudem sehr gut schneiden lassen kann).
Des Weiteren kann Sphagnummoos, das regelmäßig befeuchtet wird und so für eine hohe Luftfeuchtigkeit sorgt, im Frühbeet oder im Schlafhaus ausgelegt werden.

Tipps zum Bau einen Kleingeheges für Schlüpflinge (nach Geier 2017a)

Hinweise zum Bau eines Kleingeheges für Schlüpflinge und Jungtiere

- Suchen Sie eine geeignete Stelle, z. B. geschützt am Haus, aber sonnig, viel Morgensonne.
- Heben Sie die Fläche für das Gehege aus.
- Verlegen Sie auf dem Boden einen engmaschigen Schutzdraht oder Steinplatten.
- Schütten Sie eine Mischung aus Erde und Kalkschotter ins Gehege, verteilen Sie diese und formen Sie Erdwälle.
- Bringen Sie Pflanzen ein (durch Einsetzen und/oder Aussähen).
- Denken Sie an eine Wasserschale und Versteckmöglichkeiten im Gehege.
- Schottern Sie kleine Wege für die Tiere mit Kalksteinen auf. Strukturieren Sie das Gehege mit kleinen Steinen, Wurzeln etc.
- Legen Sie ein Schutzgitter auf. Es muss so hoch sein, dass Pflanzen unterhalb des Gitters wachsen können.
- Montieren Sie das Frühbeet inklusive der technischen Ausstattung.
- Überführen Sie die Tiere erst ins Gehege, nachdem es fertiggestellt und auf Ausbruchsicherheit kontrolliert wurde. Bitte keine provisorische Lösung wählen.

Für das kleine Gehege werden vorab Blumenerde, Gartenerde und Kalkschotter gemischt, um für die Schildkröten eine optimale Bodenstruktur zu erhalten. Danach wird diese Mischung in das Gehege geschüttet und verteilt.

Vorgezogene Pflanzen, Steinplatten, Wurzeln etc. lassen sich anschließend nach Belieben in das Gehege einbringen. Je nach Pflanzengröße muss das Gehege zunächst 1-2 Wochen ohne Schilckrötenbesatz bleiben, damit die Futterpflanzen genügend Zeit (und Chancen) zum Wachsen haben.

14.2 Balkongehege

Ein Balkongehege kann nur eine Übergangsmöglichkeit für Europäische Landschildkröten sein (wir beziehen uns auf einen Balkon mit üblichen Ausmaßen – keine Dachterrasse etc.). Geeignet ist solch ein Balkongehege für Schlüpflinge und für juvenile Tiere im Alter bis ca. 3–4 Jahre. Danach benötigen die Tiere mehr Platz, was bei einem herkömmlichen Balkon meist schwierig wird. Die Einrichtung für das Balkongehege ist identisch mit dem eines Freigeheges für Nachzuchten oder der adulten Tiere (mit Frühbeet und Technik).
Allerdings müssen folgende Dinge beachtet werden:

- Der Balkon sollte viel Sonne (Morgensonne) abbekommen.
  Allerdings kann auch ein „Zuviel" an Sonne – gerade auf einer kleinen Balkonfläche inkl. Hauswand – gefährlich werden (vgl. Schattenplätze).

- Europäische Landschildkröten graben sich gerne ein. Damit zudem Futter- und Versteckpflanzen anwachsen, sollte die Substrathöhe aus ungedüngter Erde („Maulwurferde") ca. 20 cm betragen.

- Um zu verhindern, dass sich Regenwasser staut, wird der Untergrund mit Schotter aufgefüllt und zusätzlich Drainagerohre verlegt.
  Mit einem leichten Gefälle wird das Wasser so wegtransportiert.
  Achten Sie aber darauf, dass das abfließende Wasser keine schmutzigen Verfärbungen an der Hauswand etc. hinterlässt.
  Damit kein Wasser durch die Bodenplatte fließt, sollte eine Teichplane ausgelegt werden. Diese dient darüber hinaus als Wurzelsperre.
  Unter dieser Teichplane werden zum Schutz vor Kälte von unten isolierende Styrodurplatten verlegt.

- Bitte unterschätzen Sie nicht das Gesamtgewicht eines Balkongeheges. Wer sich nicht sicher ist, ob der Balkon das Gewicht trägt, sollte einen Statiker kontaktieren.

Frisch angelegtes Balkongehege.
Foto: Anika Herzog

14.3 Dachterrasse

Bei einer Dachterrasse (Garagendach, Flachdach etc.), die in der Regel schon etwas größer als ein Balkon ist, dürfte eine naturnahe Haltung Europäische Landschildkröten auch auf längere Sicht möglich sein.

Die aufgeführten zusätzlichen Punkte des Balkongeheges gelten gleichermaßen für die Dachterrasse. Noch wichtiger ist hier der Punkt „Gewicht“. Bei einer Gehegegröße von 5x2 m und einer Substrathöhe von 20 cm beträgt das Gewicht ohne weiteres Zubehör schon mal locker mehrere Tonnen.

Auch auf einer Dachterrasse lässt sich ein geeignetes Gehege für Schildkröten errichten. *Foto: Janina Kuhrt*

14.4 Notfallgehege

Mitunter ist es notwendig schnell zu handeln, wenn plötzlich ein Tier zu viel im Gehege sitzt. Insbesondere in heißen Sommermonaten kommt es vor, dass Naturbruten im Freigehege der adulten Tiere unterwegs sind. In solch einem Fall ist es praktisch unmöglich die nur wenigen Zentimeter kleinen Panzerträger jeden Tag im Gestrüpp wieder zu finden. Entweder verschwinden sie durch kleine Schlupflöcher im Gehege, werden Opfer von Prädatoren oder verbringen ungeschützt die Winterstarre im Freien, was oft mit ihrem Tod endet.
Findet man selbst eine Schildkröte beziehungsweise bekommt vom Nachbarn ein Fundtier gebracht, muss in diesem Fall schnell gehandelt und improvisiert werden.

Generell gilt: Eine Fundschildkröte wird nicht ins Gehege der eigenen Tiere gesetzt! Auch wenn es nur für einige Stunden sein sollte. Krankheiten wie Mykoplasmen oder Herpes können übertragen werden. Besonders beim Herpes-Virus kann das tödlich enden. Ein einzelnes infiziertes Tier kann so einen ganzen Schildkrötenbestand auslöschen. Ein Notfallgehege ist einfach ausgestattet und innerhalb von wenigen Minuten aufgebaut.

Notfallgehege für Schlüpflinge

Für juvenile Tiere kann schnell ein eigenes „Gehege" eingerichtet werden. Hier reicht zu Anfang eine kleine Mörtelwanne oder ein ausgedienter Hasenkäfig. Zuerst werden einige Löcher in den Boden der Wanne gebohrt, damit sich kein Regen darin sammelt.

Innerhalb von nur 10 Minuten ist dieses Notfallgehege für Schlüpflinge entstanden.

Anschließend wird der Behälter wenige Zentimeter mit Muttererde aufgefüllt und mit verschiedenen Kräutern (Löwenzahn, Wegerich etc.) und Grasbüscheln bepflanzt. Mit ein paar kleinen Ästen und Steinen wird etwas strukturiert. Eine Tonschale dient als Trinkschale.
Dieses „Freigehege" wird in das Gehege der adulten Tiere gestellt bzw. abends ins Frühbeet oder Gewächshaus. Zum klaren Verständnis: Das gilt nur für Schlüpflinge, die im eigenen Gehege als Naturbruten gefunden werden. Alle anderen Fundtiere, egal wie klein, haben im Gehege des Altbestands nichts zu suchen.
Zum Schutz vor Prädatoren kommt ein Gitter über die Wanne. Notfalls wird der Behälter mit ins Haus genommen. Für die Schlüpflinge ist das Herumtragen somit nicht zu stressig, da sie selbst nicht angehoben werden und versteckt unter Pflanzen sitzen.

Notfallgehege für erwachsene Tiere

Etwas aufwendiger, aber auch schnell aufzubauen, ist ein Notfallgehege für semiadulte oder adulte Landschildkröten. Wenn es die Platzverhältnisse im Garten hergeben, wird die Größe des Notfallgeheges den Mindestansprüchen eines erwachsenen Tieres angepasst. Dies liegt nach unseren Erfahrungen bei 10-15 qm für ein erwachsenes Tier. Als Einfriedung werden einfache Bretter, übriggebliebene Mauersteine oder sonstiges Material (was zur Umgrenzung genutzt werden kann) verwendet. Ein paar Äste oder Wurzeln und Steine dienen der Strukturierung des Notfallgeheges.
Hat man nicht sofort ein Frühbeet zur Hand, reicht im Sommer auch nur ein Unterschlupf aus ein paar zusammengestellten Mauersteinen, zusammengezimmerten Latten oder Pflanzsteinen etc. Darüber kommt im bestenfalls eine Doppelstegplatte, damit sich der Innenraum morgens schnell aufheizen kann. Notfalls reicht eine Abdeckung mit einer übriggebliebenen Fensterscheibe oder – als kurzfristigen Übergang – ein paar Bretter. In den Übergangszeiten von Frühjahr zu Sommer und Sommer zu Herbst ist eine Wärmelampe notwendig. Mit einem für außen geeigneten Verlängerungskabel wird Strom an das Frühbeet/den Unterschlupf gelegt. Mit einer Lampe auf einem Erdspieß (in jedem gut sortierten Baumarkt erhältlich) kann so schnell für nötiges Licht

bzw. Wärme gesorgt werden. Auch die Gefahr durch Prädatoren muss ebenso bedacht werden.

Wichtig dabei: Kein Wasser bzw. keine Feuchtigkeit darf sich im provisorischen Unterschlupf sammeln. Deshalb müssen die Notgehege vor Überschwemmungen geschützt bzw. dementsprechend errichtet werden. Ein Kurzschluss im Unterschlupf kann ebenso tragische Folgen haben, so dass auch der Technik bzw. Elektrik Beachtung geschenkt werden sollte.
Notfallgehege werden in der Regel für die eigenen Tiere verwendet (kurzzeitige Trennung etc.), so dass sich dieses Gehege auch in unmittelbarer Nähe der übrigen Gehege befinden darf. Für Fundschildkröten bzw. Quarantänegehege gilt dies natürlich nicht.

14.5 Quarantänegehege

Bei einer Quarantäne von Landschildkröten werden neuerworbene Tiere zum Schutz vor ansteckenden Krankheiten zeitlich befristet vom eigenen Bestand isoliert. Die Zeitdauer der Quarantäne richtet sich nach der Inkubationszeit der vermuteten Krankheit bzw. nach den erforderlichen tierärztlichen Untersuchungen. Die Quarantäne ist eine sehr aufwendige, aber auch sehr wirksame (seuchen)hygienische Maßnahme, die insbesondere bei hochansteckenden Krankheiten mit hoher Sterblichkeit angewendet wird. Aber auch bei anderen (parasitären) Erkrankungen muss solch eine Quarantäne durchgeführt werden.
Werden neue Tiere in den vorhandenen Bestand aufgenommen, ist eine Quarantänezeit von wenigstens einem bzw. besser zwei Jahren empfehlenswert. In dieser Zeit erfolgen mehrere (mindestens zwei) Laboruntersuchungen auf Viren (z. B. Herpes) und Parasiten (z. B. Oxyuren). Erst wenn diese Tests (wiederholt) negativ ausfallen, können Neuankömmlinge zum bestehenden Bestand hinzugesetzt werden. Wie bereits erwähnt, führt eine Herpesinfektion bei Europäischen Landschildkröten oft zum Tode des infizierten Tieres.
Umso wichtiger ist ein Quarantänegehege. Das Betreten (der Gehege) durch unbefugte Personen ist ein leidiges Thema, gerade wenn Gärten bzw. Gehege von außen gut einsehbar sind.

In einem Buch, welches sich komplett mit dem Thema Gehege beschäftigt, soll daher dieser wichtige Hinweis zur Quarantäne nicht fehlen. Bitte haben Sie aber Verständnis, dass wir an dieser Stelle auf das komplexe Thema Krankheiten etc. nicht weiter eingehen können. Das ist Sache für den entsprechenden schildkrötenerfahrenen Tierarzt.

Ein Quarantänegehege ist kein „Notfallgehege für nur wenige Tage“, sondern sollte genauso eingerichtet werden wie ein naturnahes Schildkrötengehege. Ein Frühbeet inkl. Technik, Futter- und Versteckpflanzen, trockene/warme Plätze sowie kühlere Zonen sollte vorhanden sein. Lediglich bei der Größe und bei der Art der Strukturierung könnte man das Gehege eine wenig schlichter gestalten. Das soll aber nicht bedeuten, dass sich der Halter hierbei bloß auf das Nötigste beschränkt.

Um den Gedanken eines Quarantänegeheges möglichst gerecht zu werden, muss der genaue Standort sorgfältig gewählt werden. Es versteht sich von selbst, dass hier eine möglichst große räumliche Distanz nötig ist. Ebenso muss darauf geachtet werden, dass beispielsweise im Falle eines starken Regens kein Wasser vom einen ins andere Gehege gelangt. Auch die Gehegeumrandung muss in Bezug auf absolute Sicherheit hin geprüft werden. Die hygienischen Anforderungen sind ebenso wichtig, sollen aber hier nicht weiter ausgeführt werden (eigene Trinkschale, Bürsten etc. für die jeweiligen Gehege sowie für den Halter die Verwendung von Einmalhandschuhen, Desinfektionsmittel und „Schuhwechsel“).

Der Gedanke um eine sorgfältig durchdachte Quarantäne ist sehr wichtig und kann von großer Bedeutung sein.

XV

Galerie mit Gehege-Beispielen

Foto: Bettina Thomas

Die großzügige und sehr abwechslungsreiche Strukturierung mit Wurzeln, Steinen, Pflanzen und Hügeln fällt hier sehr positiv ins Auge. *Foto: Bettina Thomas*

Zahlreiche und unterschiedliche Futter- und Gehegepflanzen sorgen für ein sehr hübsches Gehege, in dem sich die darin lebenden Griechischen Landschildkröten wohl fühlen. *Foto: Bettina Thomas*

Sonnenplätze sind ebenso sehr wichtig. Freiflächen bzw. Steinplatten sorgen in diesem Fall für wärmere und sonnige Bereiche. *Foto: Bettina Thomas*

Ein sehr vorbildliches Gehege für ausgewachsene Europäische Landschildkröten.
Foto: Bettina Thomas

Die Umrandung wurde mit hohen Holzpaneelen gebaut. Innen ist zudem eine Beeteinfassung (Beetrolli, Beetzaun oder Rollboarder) aus Kunststoff angebracht, damit die Tiere an der Umrandung nicht hochklettern können. *Foto: Bettina Thomas*

Viele Elemente sorgen für ein sehr dekoratives Gehege.
Foto: Bettina Thomas

Im Gehege sind mehrere Trink- und Bademöglichkeiten vorhanden, die jedoch für den Betrachter nicht sofort ins Auge fallen.
Foto: Bettina Thomas

Dieses farbenfrohe Gehege ist nicht nur für Schildkröten hervorragend geeignet, auch für heimische Insekten bieten sie einen wertvollen Lebensraum. *Foto: Bettina Thomas*

Die Auffangstation für Landschildkröten Stuttgart hat sehr vorbildliche Gehege.
Foto: Christin Kern

Die Besucher vor Ort erhalten neben Führungen zahlreiche Eindrücke für den eigenen Gehegebau.
Foto: Christin Kern

Da inzwischen sogar Jungtiere regelmäßig abgegeben werden, sind entsprechend kleine und geschützte Gehege vorhanden. *Foto: Christin Kern*

Der Blick aus der Vogelperspektive (Drohnen-Aufnahme) zeigt interessante Eindrücke. *Foto: Thorsten Geier*

Diese Anlage ist nach einem „Farbkonzept“ entstanden. Neben dem Untergrund sind ebenso die Umrandungen entsprechend ausgewählt worden. Die Aufnahme ist kurz nach Fertigstellung entstanden. *Foto: Alexandra Martin*

Neben bodennaher Pflanzen sind auch zahlreiche größer wachsende Futterpflanzen im Gehege vorhanden. *Foto: Alexandra Martin*

Wenige Wochen nach Fertigstellung steht das Gehege sprichwörtlich „im Futter" und bietet zahlreiche Versteckmöglichkeiten. *Foto: Alexandra Martin*

Das Bild zeigt im vorderen Bereich ein nach der Natur als Vorbild angelegtes Freigehege. Im hinteren Teil fällt ein großer Wintergarten ins Auge. *Foto: Christine Dworschak*

Lediglich der Zaun und die Holzhütte verraten, dass es sich hierbei um kein Habitat sondern um ein Freigehege handelt. *Foto: Christine Dworschak*

Die Schildkröten finden in den zahlreichen Pflanzen sehr gute Versteckmöglichkeiten. *Foto: Christine Dworschak*

Erst der Größenvergleich mit dem Wohnhaus zeigt die riesigen Flächen, die die Halterin ihren Tieren zur Verfügung stellt. *Foto: Christine Dworschak*

Kurz nach Fertigstellung des Geheges sieht es trotz vielfältiger Elemente noch ein wenig kahl aus. Die Strukturierung ist jedoch anhand dieses Fotos sehr gut zu sehen. *Foto: Marie Söller*

Zwei Jahre späte hat sich das Freigehege zu einer bemerkenswerten Anlage entwickelt. *Foto: Marie Söller*

Auch der Innenbereich des Gewächshauses ist sehr vorbildlich eingerichtet.
Foto: Marie Söller

Die grünen Aluprofile wirken im Gesamtbild nicht störend und sorgen für ein homogenes Bild.
Foto: Marie Söller

Die Umrandung ist aus gemauerten Steinen errichtet und sorgt für ein ausbruchsicheres Gehege.
Foto: Marie Söller

Das Finden von Landschildkröten im Gehege kann zu einer sportlichen Aufgabe werden.
Foto: Marie Söller

Neben zahlreichen Versteckmöglichkeiten gibt es zudem steinige und sandige Bereiche, die auch nach einem Regen schnell trocknen. *Foto: Marie Söller*

Holz, Wurzeln, Steine und Pflanzen sorgen für ein naturnahes Gehege.
Foto: Marie Söller

Vorbildliche und sehr hübsche Gehege.
Foto: Michael Hennings

Aus Schildkrötenperspektive betrachtet zeigt sich ein sehr natürlicher Lebensraum für Europäische Landschildkröten im Garten.
Foto: Michael Hennings

Der Aufwand einer solchen Anlage ist zwar sehr groß, bietet jedoch für jeden Naturfreund vielfältige Eindrücke. *Foto: Michael Hennings*

Einzelne Pflanzen wirken in der Gesamtheit für eine optimale Strukturierung. Die dort lebenden Schildkröten können sich ihren benötigten Platz zum Sonnen, Verstecken, Fressen etc. nach ihren Bedürfnissen aussuchen. *Foto: Michael Hennings*

Manchmal nimmt ein Schildkrötengehege sogar die komplette Gartenfläche ein.
Foto: Michael Hennings

Auch die verwendeten Gartenelemente sorgen für ein mediterranes Flair.
Foto: Michael Hennings

Das vielfältige Futterangebot wächst nicht nur in den mit Erde versehenen Bereichen, sondern ebenso direkt in den steinigen Arealen. *Foto: Michael Hennings*

Anstelle von Betonplatten, Gehwegsteinen etc. wirkt der naturfarbene Schotter sehr angenehm und sorgt u.a. für einen sicheren Tritt des Halters. *Foto: Michael Hennings*

XVI

Irrtümer bei Schildkröten-gehegen

Auch beim Themenschwerpunkt Gehege gibt es Irrtümer, die sich regelmäßig zeigen bzw. die seit Jahren anzutreffen sind. Daher möchten wir in diesem eigenen Kapitel eine kleine Auswahl von falschen Informationen bzw. Aussagen zeigen, die man näher betrachten sollte.

„Ein Gehege kann nicht groß genug sein."

Der Gedanke, seinen Tieren ein sehr großzügiges Gehege anzubieten, ist sehr gut. Doch man sollte genau bedenken, ob es sich dabei um kleine bzw. junge oder um große bzw. alte Schildkröten handelt (weitere Infos siehe Kapitel 3 „Gehegegröße").

„Meine Schildkröten benötigen keinen Schutz gegen Vögel oder andere Tiere. Drähte oder Netze gibt es in der Natur schließlich auch nicht."

Falsche Rückschlüsse von der Natur als Vorbild können schnell gravierende Folgen haben, auch wenn es zuvor scheinbar über Jahre hinweg keine Probleme gab. Im Interesse der eigenen Tiere sollte man sich mit dem Thema „Prädatoren" sehr intensiv beschäftigen, bevor das „Kind in den Brunnen gefallen ist".

„Für die Haltung meiner Schildkröten benötige ich kein Frühbeet oder Gewächshaus."

Auch wenn sich die Schildkrötenhaltung in den letzten Jahren sehr verbessert hat, findet man diese Aussage immer noch regelmäßig. Inzwischen sollte jeder Schildkrötenhalter die Möglichkeit haben, sich über die Bedürfnisse seiner Tiere zu informieren. Und daher steht ganz klar fest, dass solche Bauten für die Haltung in menschlicher Obhut notwendig sind.

Negatives Beispiel einer Haltung im Garten ohne Frühbeet oder Gewächshaus.

„Die Schildkröte meines Nachbarn lebt schon seit 50 Jahren im kompletten Garten ohne ein speziell angelegtes Gehege. So falsch kann diese Haltung nicht sein."

Gerade die damaligen Import-Tiere wurden früher ohne großen Aufwand im Garten gehalten. Dabei kamen diejenigen Tiere, denen wenig Bedeutung geschenkt wurde, noch relativ gut mit dieser neuen Situation zurecht.

Das Wort „Haltung" ist in diesem Beispiel noch zu positiv formuliert.

Daraus sollte man jedoch nicht den Rückschluss ziehen, dass diese Haltung gut sei. Schließlich wurden damals fast ausschließlich große und ausgewachsene Tiere der Natur entnommen, die die „Aufzucht" in der Natur bereits erfolgreich abgeschlossen hatten. Von daher hatte die schlechte Haltung auf adulte Tiere meist wenig Folgen – im Gegensatz zu Schlüpflingen oder Jungtieren, die eine schlechte Haltung sofort gezeigt hätten.

„Das Gehege meiner Schildkröten habe ich nach dem Vorbild der Natur mit sehr vielen Kalksteinen aufgeschottert."

Wir begrüßen es sehr, wenn sich der Halter die Natur als Vorbild heranzieht und einzelne Elemente im eigenen Garten nachstellt. Getreu dem Motto „viel hilft viel" entdecken wir oft beinahe komplett mit Steinen zugeschüttete Areale, in bzw. auf denen Europäische Landschildkröten leben sollen. Wie so oft gilt: manchmal ist weniger mehr. Deswegen sollte man auch beim Untergrund der Gehege verschiedene Materialien verwenden, die sich gerne auch stellenweise vermischen dürfen. Komplette Schotterflächen sind nämlich nicht das „Non plus ultra" – die Mischung aus Schotter bzw. trockenen Flächen und kühlere, feuchtere Zonen (auch Gras) macht den Unterschied.

Danksagung

Die Erstellung des dritten Bandes der Reihe „Ratgeber zur Haltung Europäischer Landschildkröten“ war für uns ein sehr spannendes Ereignis, welches viel Zeit aber auch sehr viel Freude bedeutet hat.

Wir möchten uns an dieser Stelle für die freundliche Unterstützung von Familie, Freunden, Schildkrötenhaltern und weiteren fleißigen Helfern bedanken, ohne die dieser ausführliche Ratgeber rund um Freigehege für Europäische Landschildkröten nicht hätte entstehen können.

Großer Dank geht an unsere Familie bzw. an unsere Ehefrauen Sonja Kiefer und Danielle Geier, die uns viel Verständnis und Unterstützung entgegengebracht haben. Dagmar Lerch danken wir sehr für den Erfahrungsaustausch sowie weitere Informationen. Für die Bereitstellung von Fotos und weiteren Informationen bedanken wir uns bei Jana Dittmann, Christine Dworschak, Christos Gavriliidis, Klaus Henning, Michael Hennings, Anika Herzog, Kathi Horn, Christin Kern, Sonja Kiefer, Janina Kuhrt, Andreas Krb, Alexandra Martin,

Portrait einer Maurischen Landschildkröte im Freigehege.

Lutz Prauser, Melanie Schiebel, Heike Schwarz, Marie Söller, Bettina Thomas, Simone Tietze, Jeanette Viel und Bernd Wolff. Für die grafische Umsetzung bedanken wir uns sehr bei Katharina Feld Design.

Wir freuen uns sehr, wenn wir Ihnen mit diesem Buch zahlreiche Informationen und Inspirationen für die eigene Haltung und für die damit verbundenen Maßnahmen im Gehege nähergebracht haben. Wir wünschen Ihnen viel Spaß und Erfolg mit dem Thema Gehegebau!

Um immer aktuell informiert zu sein besuchen Sie doch regelmäßig unsere Homepages, auf denen wir weitere Informationen über unser faszinierendes Hobby ausführen.

Torsten Kiefer: www.landschildkroeten-hunsrueck.de
Thorsten Geier: www.schildkroetenfreund.de

Die Autoren Thorsten Geier (li) und Torsten Kiefer vor einem Schildkrötengehege. *Foto: Sonja Kiefer*

Quellenangabe und weiterführende Literatur

Bidmon H.-J. (2006): Aquarienheizer, Wasserkanister und Basaltsäulen zur Temperierung von Frühbeeten und Legehügeln während der Freilandhaltung von Schildkröten: Langjährig erprobte, praktikable Alternativen. – in: Daubner, M. & T. Vinke (2006): Schildkröten im Fokus, Sonderband, Testudo, Häufig gehaltene Arten. – Bergheim (dauvi-Verlag), 160 S.

Bruekers, J. (2005): Griechische Landschildkröte *(Testudo hermanni hermanni)* im Habitat als Beute von Vögeln. – Schildkröten im Fokus 2 (1): 33–34.

Buskirk, J. R. (2009): Ratten. – Schildkröten im Fokus 6 (2): 22–29.

Dages, S. (2007): Mardereinbruch in ein „gesichertes“ Gehege. – Schildkröten im Fokus 4 (1): 3–11.

Fass, U. (2013): Die Haltung der Steppenschildkröten *Agrionemys horsfieldii*. Faszinierende Tiere aus ariden Gebieten. – Biebertal (Kleintierverlag), 183 S.

Geier, T. (2016): Der Schildkröten-Gärtner. Naturnahe Ernährung Europäischer Landschildkröten. Über 65 geeignete Futterpflanzen sowie Anleitungen, Tipps und Tricks zur erfolgreichen Pflanzenzucht. Ratgeber zur Haltung Europäischer Landschildkröten, Band 2. – Biebertal (Kleintierverlag), 301 S.

GEIER, T. (2017a): Fester Panzer – weiches Herz. Der Ratgeber zur naturnahen Haltung Europäischer Landschildkröten. Biebertal (Kleintierverlag), 183 S.

GEIER, T. (2017b): Winterstarre bei Europäischen Landschildkröten: Naturnahe Vorbereitung und erfolgreiche Überwinterung. Ratgeber zur Haltung Europäischer Landschildkröten, Band 1 (2. Auflage), 207 S.

GEIER, T. (2018): Sichere Schildkröten-Technik – auf welche Aspekte sollte der Halter achten? – Schildkröten im Fokus 15 (2): 26–32.

GUTACHTEN DER SACHVERSTÄNDIGENGRUPPE ÜBER DIE MINDESTANFORDERUNGEN AN DIE HALTUNG VON REPTILIEN (1997): Haltung von Reptilien. Gutachten der Sachverständigengruppe über die Mindestanforderungen an die Haltung von Reptilien (10. Januar 1997). – Internet: https://www.bmel.de/DE/themen/tiere/tierschutz/haltung-reptilien.html, zitiert am 09.11.2020.

HUSTINX, F. (2019): Schildkröten entlaufen, vermisst und gefunden – Die Schildkröten-Suchgruppe bei Facebook. – Schildkröten im Fokus 16 (4): 31–35.

IVANCHEV, I. E. (2007): Überwinterung von *Testudo hermanni* und *Testudo graeca* in der Natur und unter sehr naturnahen Bedingungen in Bulgarien. – Schildkröten im Fokus 4 (2): 3–21.

KIEFER, T. (2020): Schildkrötenhabitat auf Mallorca und die Umsetzung im eigenen Schildkrötengehege – Schildkröten im Fokus 17 (3): 4–13.

KIEFER, T. (o.J.): Bau unseres Schildkrötenhauses im Jahr 2013. – Internet: https://www.landschildkroeten-hunsrueck.de/haltung/schildkroetenhaus-selber-bauen/, zitiert am 10.02.2021.

KIRSCHE, W. (1997): Die Landschildkröten Europas. Biologie, Pflege, Zucht und Schutz. – Melle (MERGUS Verlag), 104 S.

KOBER, I. & U. GEISSEL (2015): Terrarientechnik (Terrarien-Bibliothek). – Münster (Natur- und Tierverlag), 256 S.

MINCH, M. (2010): Freilandanlagen für Schildkröten (Praxis Ratgeber). – Frankfurt (Edition Chimaira), 168 S.

MINCH, M. (2013): Handbuch der Futterpflanzen für Schildkröten und andere Reptilien. – Rheinstetten (Kirschner & Seufer Verlag), 398 S.

MITTENZWEI, F. (2012): Nachgefragt beim Tierarzt: Posthibernale Anorexie. – Internet: https://www.testudowelt.de/?p=2006, zitiert am 10.11.2020.

SCHRAMM, R. (2017): Landschildkröten-Freilandanlagen: Naturnahe Lebensräume im heimischen Garten. – Grebenhain (Tartaruga Verlag), 176 S.

THOMAS, B. (o.J.): Bau einer neuen Trink- und Badeschale. – Internet: https://www.landschildkroeten-hunsrueck.de/badeschale/, zitiert am 04.12.2020.

VINKE, T. & S. VINKE (2004): Vermehrung von Landschildkröten. – Frankfurt (Herpeton Verlag), 189 S.

WIRTH, M. (2012a): Alles der Wärme zuliebe –die Optimierung von Landschildkrötengehegen. – Draco 13 (1): 62–69.

WIRTH, M. (2012b): Der Zoograben – die unsichtbare Gehegeeinfriedung. – Draco 13 (1): 70–76.

WIRTH, M. (2013): Das Schildkrötenjahr: Freilandbiologie und Haltung europäischer Landschildkröten über den Jahresverlauf. – Münster (Natur- und Tierverlag), 280 S.

WEGEHAUPT, W. (2012): Europäische Schildkröten: Lebensraum und Lebensweise. – Kressbronn (Wegehaupt Verlag), 448 S.

WEGEHAUPT, W. (2013): Europäische Landschildkröten. Naturnahe Aufzucht: Eine kompakte Anleitung für die Unterbringung, Pflege und Ernährung von Jungtieren. – Kressbronn (Wegehaupt Verlag), 72 S.

WUNDERLICH, S. (o.J.): Funktion von Metallhalogeniddampflampen. – Internet: https://www.licht-im-terrarium.de/hqi/funktion, zitiert am 20.11.2020.

Bisher erschienene Bücher im **kleintierverlag**

€ 14,80

€ 16,80

€ 24,80

€ 19,80

€ 14,80

€ 14,80

€ 19,80

€ 19,80

€ 12,50

€ 14,80

€ 12,50

€ 12,50
Mein Leben als
Wasser-
schildkröte
RATGEBER

€ 14,80
Rita Klein
BUCHSTABEN-TIERE
Ein Schildkröten-Krimi

€ 19,80
Heimische Eidechsen
im Freiland und Terrarium
Faszination, Haltung und Schutz

€ 14,80
Martin Dieckmann
Smaragdeidechsen
Lacerta bilineata und Lacerta viridis
Wissenwertes über die farbenfrohen
Reptilien Europas

€ 12,50
Kurt Orth
Die Vierstreifennatter
Elaphe quatuorlineata
Wissenswertes über die „europäische Riesenschlange"

€ 12,50
Thomas Klesius
Die Leopardnatter
Zamenis situla
Haltung und Nachzucht der „schönsten Schlange Europas"

€ 14,80
Dr. Carsten Schneider
Das Pantherchamäleon
Furcifer pardalis

€ 14,80
Abenteuer heimische
Amphibien
DGHT
Ein Naturführer für
die ganze Familie

€ 9,80
Ingo Diegel
Das Tiernamen-Buch
Liebevolle, ausgefallene und witzige
Namen für unsere tierischen Lieblinge

€ 16,80
Barbara Feide
Das Tierschutz-Kaninchenbuch

€ 9,80
Monique Müller
Ratgeber zur Haltung von
Steppenlemmingen